Jennifer von Bothmer

Das Zystennierenprotein DZIP1L

Jennifer von Bothmer

Das Zystennierenprotein DZIP1L

Identifikation und Charakterisierung von Interaktionspartnern

Südwestdeutscher Verlag für Hochschulschriften

Impressum/Imprint (nur für Deutschland/only for Germany)
Bibliografische Information der Deutschen Nationalbibliothek: Die Deutsche Nationalbibliothek verzeichnet diese Publikation in der Deutschen Nationalbibliografie; detaillierte bibliografische Daten sind im Internet über http://dnb.d-nb.de abrufbar.
Alle in diesem Buch genannten Marken und Produktnamen unterliegen warenzeichen-, marken- oder patentrechtlichem Schutz bzw. sind Warenzeichen oder eingetragene Warenzeichen der jeweiligen Inhaber. Die Wiedergabe von Marken, Produktnamen, Gebrauchsnamen, Handelsnamen, Warenbezeichnungen u.s.w. in diesem Werk berechtigt auch ohne besondere Kennzeichnung nicht zu der Annahme, dass solche Namen im Sinne der Warenzeichen- und Markenschutzgesetzgebung als frei zu betrachten wären und daher von jedermann benutzt werden dürften.

Coverbild: www.ingimage.com

Verlag: Südwestdeutscher Verlag für Hochschulschriften GmbH & Co. KG
Heinrich-Böcking-Str. 6-8, 66121 Saarbrücken, Deutschland
Telefon +49 681 37 20 271-1, Telefax +49 681 37 20 271-0
Email: info@svh-verlag.de

Zugl.: Aachen, RWTH, Diss., 2012

Herstellung in Deutschland (siehe letzte Seite)
ISBN: 978-3-8381-3336-2

Imprint (only for USA, GB)
Bibliographic information published by the Deutsche Nationalbibliothek: The Deutsche Nationalbibliothek lists this publication in the Deutsche Nationalbibliografie; detailed bibliographic data are available in the Internet at http://dnb.d-nb.de.
Any brand names and product names mentioned in this book are subject to trademark, brand or patent protection and are trademarks or registered trademarks of their respective holders. The use of brand names, product names, common names, trade names, product descriptions etc. even without a particular marking in this works is in no way to be construed to mean that such names may be regarded as unrestricted in respect of trademark and brand protection legislation and could thus be used by anyone.

Cover image: www.ingimage.com

Publisher: Südwestdeutscher Verlag für Hochschulschriften GmbH & Co. KG
Heinrich-Böcking-Str. 6-8, 66121 Saarbrücken, Germany
Phone +49 681 37 20 271-1, Fax +49 681 37 20 271-0
Email: info@svh-verlag.de

Printed in the U.S.A.
Printed in the U.K. by (see last page)
ISBN: 978-3-8381-3336-2

Copyright © 2012 by the author and Südwestdeutscher Verlag für Hochschulschriften GmbH & Co. KG and licensors
All rights reserved. Saarbrücken 2012

Inhaltsverzeichnis

Inhaltsverzeichnis	I
Abkürzungsverzeichnis	V
Abbildungsverzeichnis	VIII
Tabellenverzeichnis	X

I	**Zusammenfassung**		**1**
	1	Zusammenfassung Deutsch	1
	2	Zusammenfassung Englisch	2
II	**Einleitung**		**3**
	1	Zystische Nierenerkrankungen	3
		1.1 Die autosomal-dominante polyzystische Nierenerkrankung	3
		1.2 Die autosomal-rezessive polyzystische Nierenerkrankung	5
		1.3 Diagnostik	9
	2	Ziliopathien	10
		2.1 Primäre Zilien	10
		2.2 Syndromale Ziliopathien	13
	3	DAZ Interacting Protein 1 Like - DZIP1L	14
	4	Zielsetzung	17
III	**Material und Methoden**		**18**
	1	Material	18
		1.1 Geräte	18
		1.2 Chemikalien	21
		1.3 Reagenzien, Reaktionskits und Enzyme	21
		1.4 Verbrauchsmaterialien	24
		1.5 Medien, Puffer und Lösungen	25
		1.5.1 Medien für die Bakterienkultur	25
		1.5.2 Medien und Puffer für die Zellkultur	25
		1.5.3 Lösungen für PCR und Gelelektrophorese	26

	1.5.4	Puffer und Lösungen für SDS-PAGE	26
	1.5.5	Puffer und Lösungen für Western Blot	27
	1.5.6	Lösungen für die Coomassiefärbung	28
	1.5.7	Medien und Lösungen für B2H System	28
	1.5.8	Puffer und Lösungen für die Immunfluoreszenz	30
1.6		Oligonukleotide	30
1.7		Vektoren	31
1.8		Verwendete Zelllinien	35
1.9		Verwendete Bakterienstämme	35
1.10		Antikörper	36
2	Methoden		37
2.1	Molekulargenetische Methoden		37
	2.1.1	DNA Analysen	37
		2.1.1.1 Polymerase-Kettenreaktion	37
		2.1.1.2 Agarose-Gelelektrophorese	38
		2.1.1.3 Gelextraktion	38
		2.1.1.4 Sequenzierung	39
	2.1.2	Klonierung	40
		2.1.2.1 Restriktionsverdau	40
		2.1.2.2 Ligation	41
		2.1.2.3 Herstellung chemisch kompetenter Zellen	42
		2.1.2.4 Transformation von *Escherichia coli*	42
		2.1.2.5 Screening	42
		2.1.2.6 Anlegen von Glycerolstocks	43
		2.1.2.7 Anlegen von Übernachtkulturen	43
	2.1.3	Plasmid-Isolation	43
2.2	Zellkulturtechniken		44
	2.2.1	Passagieren von Zellen	44
	2.2.2	Einfrieren und Auftauen von Zellen	44
	2.2.3	Transfektion	45
2.3	Proteinbiochemische Methoden		45
	2.3.1	Proteinextraktion aus eukaryotischen Zellen	45

		2.3.2	Bestimmung der Proteinkonzentration	46
		2.3.3	SDS-Polyacrylamid-Gelelektrophorese (SDS-PAGE)	46
		2.3.4	Western Blot	47
		2.3.5	Immundetektion	47
		2.3.6	Koimmunopräzipitation (CoIP)	48
		2.3.7	Immunfluoreszenz	50
	2.4	Suche nach Interaktionspartnern mit dem BacterioMatchII-Two Hybrid System		52
		2.4.1	Klonierung von DZIP1L-myc in den Vektor pBT	53
		2.4.2	Nachweis des lambda-cl-DZIP1L-Fusionsproteins	54
		2.4.3	Ausschluss des Autoaktivierung	54
		2.4.4	Durchführung der Interaktionspartnersuche	55
		2.4.5	Isolierung des pTRG Plasmids	56
		2.4.6	Bestätigung der Interaktion	57
		2.4.7	Identifikation der potentiellen Interaktionspartner	57
		2.4.8	Klonierung der Interaktionspartner in pTargeT	58

IV	**Ergebnisse**			**59**
	1	Suche nach nierenspezifischen Interaktionspartnern von DZIP1L mit dem BacterioMatchII-Two Hybrid-System		59
		1.1	Klonierung von DZIP1L-myc in pBT	59
		1.2	Expression von lambda-cl-DZIP1L-myc im *E. coli* Validierungsstamm	60
		1.3	Ausschluss der Autoaktivierung der Reportergene durch das Köderprotein lambda-cl-DZIP1L-myc	61
		1.4	Screening nach DZIP1L-Interaktionspartnern	63
		1.5	Identifizierung der potentiellen Interaktionspartner	64
	2	Bestätigung der Interaktionspartner mittels CoIP		67
		2.1	Klonierung von drei Interaktionspartnern in pTargeT	67
		2.2	Ergebnisse der Koimmunopräzipitation	69

		2.2.1 CoIP von EEF1G-HA und DZIP1L-myc	70
		2.2.2 CoIP von NAGK-HA und DZIP1L-myc	71
		2.2.2 CoIP von NAGK-HA und DZIP1L-myc	73
	3	Lokalisationsstudien mittels Immunfluoreszenz	74
		3.1 Immunfluoreszenz von EEF1G-HA	75
		3.2 Immunfluoreszenz von NAGK-HA	77
		3.3 Immunfluoreszenz von PSAP	79

V **Diskussion** **83**

1. Identifikation von DZIP1L-myc Interaktionspartnern mit dem BacterioMatch-II-Two-Hybrid System — 83
2. Koimmunopräzipitation und Immunfluoreszenz — 86
3. Der Interaktionspartner EEF1G — 88
4. Der Interaktionspartner NAGK — 92
5. Der Interaktionspartner PSAP — 92
6. Erkenntniszugewinn für die Aufklärung der Ursachen von Zystennierenerkrankungen — 94

VI **Literaturverzeichnis** **95**

Danksagung

Abkürzungsverzeichnis

3-AT	3-Amino-1,2,4-triazol
A	Adenin
ADPKD	autosomal dominant polycystic kidney disease
APS	Ammoniumpersulfat
AS	Aminosäure(n)
ARPKD	autosomal recessive polycystic kidney disease
B2H	Bacterial-2-Hybrid
BLAST	Basic Local Alignment Search Tool
bp	Basenpaare
BSA	Rinderserumalbumin, engl. Bovine serum albumine
C	Cytosin
cDNA	codierende DNA
CHF	congenital hepatic fibrosis
CMV	Cytomegalovirus
CoIP	Koimmunpräzipitation; engl. coimmunoprecipitation
C-Terminus	carboxyl-Terminus
dATP	2'-deoxyadenosine 5'-triphosphate
dCTP	2'-deoxycytosine 5'-triphosphate
dGTP	2'-deoxyguanosine 5'-triphosphate
del	Deletion
DMEM	Dulbecco´s Modified Eagle Medium
DMSO	Dimethylsulfoxid
DNA	Desoxyribonukleinsäure
dNTP	2'-Desoxyribonucleotid-5'-phosphate
dTTP	2'-deoxythymidine 5'-triphosphate
dup	Duplikation
DZIP1L	DAZ interacting protein 1-like
E. coli	*Escherichia coli*
EEF1G	Eukaryotic translation elongation factor 1 gamma
EK	Expressionskontrolle
ESRD	end stage renal disease
EZ	extrazellulär

FBS	Fetales Rinder Serum; engl. Fetal Bovin Serum
G	Guanin
GFP	green fluorescent protein
HA	Anti-Hemagglutinin
HGFR	hepatocyte growth factor receptor
HRP	Meerretich-Peroxidase
IF	Immunfluoreszenz
IFT	intraflagellarer Transport
IgG	Immunoglobulin G
ins	Insertion
IP	Immunpräzipitation
IPTG	Isoprpyl-thiogalactosid
IZ	intrazellulär
kb	Kilobasen
kDa	Kilodalton
M	Molar (mol/l)
MCS	multiple cloning site
mm	mouse
mRNA	messeneger RNA
MTOC	Mikrotubuli-Organisierendes Centrum
MYH9	Myosin heavy chain 9, non muscle
NAGK	N-acetylglucosamin Kinase
NCBI	National Center for Biotechnology Information
NLS	nuclear localization signal
N-Terminus	Amino-Terminus
OD	optische Dichte
ORF	open reading frame
PAGE	Polyacrylamidgelelektrophorese
PBS	phosphate buffered saline
PCR	polymerase chain reaction
PKD	polycystic kidney disease
ProtA	Protein A
PSAP	Prosaposin
rb	rabbit
RNA	Ribonukleinsäure

rpm	Umdrehungen/Minute
RT	Raumtemperatur
RT-PCR	reverse Transkriptase-PCR
SDS	Natrium-Dodecylsulfat
SP	Signalpeptid
SRProteine	Serin/Arginin-reiche Proteine
T	Thymidin
TBE	Tris-Borat-EDTA Puffer
TEMED	N, N, N', N'-Tetramethylethylendiamin
PKHD1	polycystic kidney and hepatic disease 1
U	Unit
U	Uracil
ÜN	über Nacht
WB	Western Blot
WT	Wildtyp
X-Gal	5-bromo-4-chloroindolyl-beta-D-galactosid
YTH	yeast two hybrid

Abbildungsverzeichnis

Abbildung II.1: Struktur von Polycystin 1 und -2 4
Abbildung II.2: Typische ADPKD Niere 5
Abbildung II.3: Makroskopisches Schnittpräparat einer ARPKD-Niere 6
Abbildung II.4: Struktur von Polyductin 7
Abbildung II.5: Typische Potter-Facies in Folge eines Oligo-/Anhydramnions 8
Abbildung II.6: Mikroskopisches Schnittpräparat einer ARPKD-Leber 9
Abbildung II.7: Schematischer Querschnitt durch eine motile und primäre Zilie 11
Abbildung II.8: Schematische Darstellung des Intraflagellaren Transports 12
Abbildung II.9: Schematische Darstellung von Signalwegen im Zilium 13
Abbildung II.10: Der Hedgehog-Signalweg 15
Abbildung III.1: Längenstandards 23
Abbildung III.2: Vektorkarte des pBT 32
Abbildung III.3: Vektorkarte des pTRG 33
Abbildung III.4: Vektorkarte des pTargeT 33
Abbildung III.5: Vektorkarte des pCMV-myc 34
Abbildung III.6: Vektorkarten der Kontroll-Plasmide des BacterioMatch II Two-Hybrid System 34
Abbildung III.7: Schematische Darstellung der CoIP 50
Abbildung III.8: Prinzip des BacterioMatchII Two-Hybrid Systems 53
Abbildung IV.1: Gelelektrophoretische Auftrennung eines HindIII-Testverdaus von potentiellen pBT-DZIP1L-myc Klonen 60
Abbildung IV.2: Überexpression des Fusionsproteins lambda-cl-DZIP1L-myc 61
Abbildung IV.3: DNA-Sequenz und Proteinstruktur von NAGK 65
Abbildung IV.4: DNA-Sequenz und Proteinstruktur von PSAP 65
Abbildung IV.5: DNA-Sequenz und Proteinstruktur von EEF1G 66
Abbildung IV.6: PCR-Produkte der Interaktionspartner mit HA-tag 68
Abbildung IV.7: Expressionskontrollen der getagten Interaktionspartner 68
Abbildung IV.8: Nachweis der Expression der Interaktionspartner in COS7-Zellen mit nativen Antikörpern 69

Abbildung IV.9: CoIP von DZIP1L-myc und EEF1G-HA in COS7-Zellen   70
Abbildung IV.10: CoIP von DZIP1L-myc und EEF1G-HA in HEK293-Zellen   71
Abbildung IV.11: CoIP von DZIP1L-myc und NAGK-HA in COS7-Zellen   72
Abbildung IV.12: CoIP von DZIP1L-myc und NAGK-HA in HEK293-Zellen   73
Abbildung IV.13: CoIP von DZIP1L-myc und PSAP-HA in COS7-Zellen   74
Abbildung IV.14: CoIP von DZIP1L-myc und PSAP-HA in HEK293-Zellen   74
Abbildung IV.15: Immunfluoreszenz von DZIP1L-myc und EEF1G-HA in COS7-Zellen   76
Abbildung IV.16: Immunfluoreszenz von DZIP1L-myc und EEF1G-HA in mIMCD-3-Zellen   77
Abbildung IV.17: Immunfluoreszenz von DZIP1L-myc und NAGK-HA in COS7-Zellen   78
Abbildung IV.18: Immunfluoreszenz von DZIP1L-myc und NAGK-HA in mIMCD-3-Zellen   79
Abbildung IV.19: Immunfluoreszenz von DZIP1L-myc und PSAP in COS7-Zellen   80
Abbildung IV.20: Immunfluoreszenz von DZIP1L-myc und PSAP in mIMCD-3-Zellen   81
Abbildung V.1: Der PCP-Signalweg   87
Abbildung V.2: Der TGF-β-/SMAD-Signalweg   90
Abbildung V.3: TGF-β- und BMP-Signalweg   91

Tabellenverzeichnis

Tabelle III.1: Eingesetzte Oligonukleotide	31
Tabelle III.2: In dieser Arbeit verwendete Zelllinien	35
Tabelle III.3: In dieser Arbeit verwendete Bakterienstämme	35
Tabelle III.4: In dieser Arbeit verwendete Primärantikörper	36
Tabelle III.5: In dieser Arbeit verwendete Sekundärantikörper	36
Tabelle III.6: PCR-Ansatz	37
Tabelle III.7: PCR-Programm	38
Tabelle III.8: Sequenzier-PCR-Ansatz	39
Tabelle III.9: Sequenzier-PCR-Programm	39
Tabelle III.10: In dieser Arbeit verwendete Konstrukte mit den zugehörigen Vektoren sowie den für die sticky-end-Ligation benötigten Restriktionsenzymen	40
Tabelle III.11: T4-Ligations-Ansatz	41
Tabelle III.12: Zusammensetzung der SDS-Gele	46
Tabelle III.13: Zur Immundetektion im Western Blot verwendete Primär- und Sekundärantikörper	48
Tabelle III.14: Für die CoIP verwendete Antikörper	49
Tabelle III.15: Für die Immunfluoreszenz verwendete Primär- und Sekundärantikörper	51
Tabelle IV.1: Ergebnisse zum Test der Autoaktivierung	62
Tabelle IV.2: Mittels BacterioMatchII-Two Hybrid System identifizierte Interaktionspartner von DZIP1L	67

1 Zusammenfassung Deutsch

Polyzystische Nierenerkrankungen stellen eine der häufigsten genetischen Erkrankungen des Menschen dar und sind klinisch und genetisch heterogen. Eines dieser Gene ist das *DZIP1L*-Gen, welches im Rahmen eines Homozygosity-Mappings einer Familie mit autosomal-rezessiver polyzystischer Nierenerkrankung als Kandidatengen identifiziert werden konnte. Bei DZIP1L handelt es sich um ein Homolog des Iguana-Proteins im Zebrafisch, für das eine Beteiligung an der Entwicklung des Pronephros und eine Rolle im Hedgehog-Signalweg beschrieben werden konnte.

Im Rahmen dieser Arbeit konnten mittels bakteriellem Two Hybrid-System erstmalig drei Interaktionspartner von DZIP1L ermittelt werden, die zur weiteren Charakterisierung des Proteins beitragen werden. Diese Interaktionen wurden darüber hinaus mittels Koimmunopräzipitationen und Immunfluoreszenz-Studien mit transient transfizierten COS7-, HEK293- und mIMCD-3-Zellen untersucht. Bei den drei Interaktionspartnern handelt es sich um EEF1G, NAGK und PSAP. Alle diese Proteine spielen eine Rolle im SMAD-/TGF-β-Signalweg, wobei NAGK und PSAP direkt mit R-Smads interagieren, während für EEF1G eine Interaktion mit SnoN beschrieben wurde, welches seinerseits wiederum mit einem R-Smad interagiert und so die Aktivierung der Transkription der TGF-β Zielgene durch den Smad-Komplex verhindert. Diese Interaktionen legen die Vermutung nahe, dass DZIP1L eventuell nicht nur eine Rolle im Hedgehog-Signalweg spielt, sondern auch über den TGF-β-Signalweg auf die Zystenbildung einwirkt.

2 Zusammenfassung Englisch

Identification and characterization of interaction partners of DZIP1L by a bacterial Two-Hybrid system

Polycystic kidney diseases are the most common genetic disorders; the underlying pathomechanisms are incompletely understood so far. One of the involved in the formation of cystic kidneys genes is *DZIP1L*. *DZIP1L* has previously been identified in our group as a new gene for polycystic kidney disease by homozygosity mapping of a family with autosomal recessive polycystic kidney disease. It encodes a homolog of the iguana protein in zebrafish, which is involved in the development of the pronephros and plays a role in the hedgehog signaling pathway.

Term of this doctoral thesis was the identification of interaction partners of DZIP1L by a bacterial Two Hybrid system to further characterize the function and role of the protein in the cell. Coimmunoprecipitation experiments and immunfluorescence studies in transiently transfected COS7-, HEK293- and mIMCD-3- cells have been performed for validation of the interaction of DZIP1L with EEF1G, NAGK and PSAP. All three identified binding partners are involved in SMAD-/TGF-β- signaling. NAGK and PSAP are known to directly interact with R-Smads, whereas for EEF1G an interaction with SnoN has been described. SnoN on his part interacts with an R-Smad too. Consequently, the transcription of TGF-β target genes will be repressed. Overall, it can be postulated that DZIP1L does not only play a role in hedgehog-signaling but also influences cyst formation through modification of TGF-β-signaling.

II Einleitung

1 Zystische Nierenerkrankungen

Bei zystischen Nierenerkrankungen handelt es sich um eine klinisch und genetisch heterogene Gruppe an Erkrankungen, deren gemeinsames Merkmal Nierenzysten sind. Im Verlauf enden sie häufig mit terminaler Niereninsuffizienz. Dabei müssen die genetisch bedingten zystischen Nierenerkrankungen von den nicht genetisch bedingten unterschieden werden. Erkrankte können sehr unterschiedliche Phänotypen aufweisen, die im Falle der hereditären zystischen Nierenerkrankung zum Teil auf genetische und allelische Heterogenität zurückzuführen sind (Rosetti und Harris, 2007). Viele der mit Zystennieren verbundenen Krankheiten beruhen auf Fehlfunktionen von Proteinen, die in primären Zilien lokalisiert sind, und der daraus resultierenden Dysfunktion der Zilien. Aus diesem Grund werden diese Erkrankungen zu den Ziliopathien gezählt (Christensen et al., 2007).

1.1 Die autosomal-dominante polyzystische Nierenerkrankung

Die autosomal-dominante polyzystische Nierenerkrankung (autosomal dominant polycystic kidney disease, ADPKD) ist mit einer Inzidenz von 1:400 bis 1:1000 die häufigste erbliche Nierenerkrankung (Steffens et al., 1998; Kim und Wu, 2008; Torres et al., 2007). Auch insgesamt zählt sie mit weltweit ca. 12,5 Millionen Betroffenen zu den häufigsten dominant erblichen Erkrankungen. Eine Manifestation der ADPKD zeigt sich üblicherweise erst in einem Alter von 30 bis 50 Jahren, es werden aber auch schwere Frühmanifestationen, zum Teil bereits pränatal, und sehr milde, langsame Verläufe beobachtet (Steffens et al., 1998). Obwohl die ADPKD eine vollständige Penetranz aufweist, kann die Expressivität – auch intrafamiliär – sehr variabel sein (Pei et al., 2001). Es wird postuliert, dass Frühmanifestationen zumindest partiell auf sogenannte hypomorphe Veränderungen zurückzuführen sind, die in Kombination mit klar pathogenen Mutationen zu einer frühen und schweren Ausprägung der Erkrankung führen (Rossetti et al., 2009). Desweiteren gibt es Hinweise darauf, dass Mutationen in anderen Ziliopathie-Genen den Krankheitsverlauf beeinflussen können („Modifier Hypothese") (Zerres et al., 1985; Bergmann et al., 2009).

Ursächlich für die ADPKD sind Mutationen in den Genen *PKD1* auf Chromosom 16p13 (Ward et al., 1994) und *PKD2* auf Chromosom 4q21 (Mochizuki *et al.*, 1996; Deltas, 2001; Rossetti *et al.*, 2001; Schneider *et al.*, 1996). Dabei wird die Mutations-Detektionsrate bei Patienten mit typischer ADPKD in der Literatur mit nahezu 100 % angegeben, ca. 85 % der Mutationsträger tragen dabei Mutationen im *PKD1*-Gen, die restlichen 15 % entfallen auf Mutationen im *PKD2*-Gen (Torra *et al.*, 1996). Das *PKD1*-Gen (46 Exons) kodiert für das 4302 Aminosäuren große Protein Polycystin-1. Dabei handelt es sich um ein Membranprotein mit elf Transmembrandomänen und verschiedenen weiteren Domänen, die mit Protein-Protein-Interaktionen assoziiert werden (Hughes *et al.*, 1995). Somit hat es Ähnlichkeit mit Rezeptor- und Adhäsionsmolekülen (Harris und Torres, 2009) (siehe Abbildung II.1).

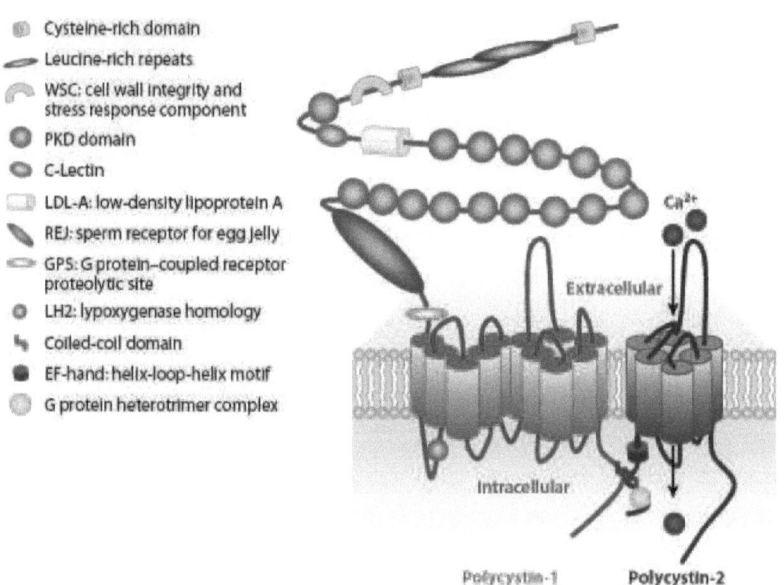

Abbildung II.1: Struktur von Polycystin-1 und -2
(entnommen aus Zhou, 2009)
Polycystin-1 fungiert vermutlich als G-Protein gekoppelter Rezeptor, Polycystin-2 als Kationen-selektiver Ca2+-Ionenkanal. Die beiden Proteine interagieren über ihre C-terminalen coiled-coil-Domänen.

Es existieren 6 sogenannte Pseudogene, deren Sequenzen sich nur in wenigen Basen von der von *PKD1* unterscheidet und die somit die molekulargenetische Analyse dieses Gens erschweren (Bogdanova *et al.*, 2001). Diese Pseudogene werden aber nicht

translatiert und ihre Funktion ist bislang nicht bekannt. Das *PKD2*-Gen (15 Exons) kodiert für das 968 Aminosäuren große Protein Polycystin-2. Dabei handelt es sich ebenfalls um ein Membranprotein in Form eines Kationenkanals (González-Perret *et al.*, 2001). Beide mit der ADPKD assoziierten Proteine sind in primären Zilien lokalisiert und dort an verschiedenen Signaltransduktionskaskaden beteiligt (Yoder *et al.*, 2002).
Histopathologisch ist die ADPKD durch Zysten in allen Bereichen des Nephrons gekennzeichnet, die in Größe und Morphologie variieren können (siehe Abbildung II.2). Die häufigsten extrarenalen Manifestationen der ADPKD sind Zysten in der Leber sowie Aneurysmen. Patienten mit einer Mutation im *PKD2*-Gen zeigen meist einen milderen Verlauf als die mit Mutationen im *PKD1*-Gen. Doch auch hier können Ausnahmen beobachtet werden.

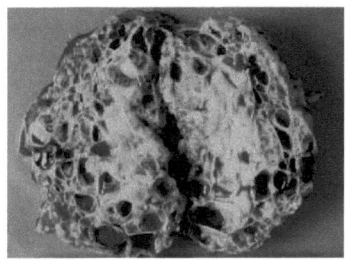

Abbildung II.2: Typische ADPKD Niere
(entnommen aus Herrmann *et al.*, 2003)
Niere mit dichtstehenden, großen zystischen Erweiterungen des Nephrons mit nur wenigen schmalen, nicht erweiterten Parenchymabschnitten.

1.2 Die Autosomal-rezessive polyzystische Nierenerkrankung

Die autosomal-rezessive polyzystische Nierenerkrankung (autosomal recessive polycystic kidney disease, ARPKD) ist mit 1:20.000 wesentlich seltener als die autosomal-dominante Form (Guay-Woodford und Desmond, 2003; Zerres *et al.*, 2003; Zerres *et al.*, 1998). Die klinischen Verläufe der ARPKD können sehr variabel sein und reichen von perinatalem Versterben bis hin zu einem Überleben bis in die sechste Lebensdekade (Bergmann *et al.*, 2003).
Ursächlich für die ARPKD sind Mutationen im Gen *PKHD1* (Onuchic *et al.*, 2002; Ward *et al.*, 2002). Dieses liegt auf Chromosom 6p12 (Zerres *et al.*, 1994) und umspannt 470 kb genomischer DNA. Der längste offene Leserahmen umfasst 66 Exons. Das 4074

Aminosäuren große Protein namens Polyductin/Fibrocystin wird als Typ I Transmembranprotein über den sekretorischen Weg transportiert und assoziiert im Bereich der Basalkörperchen und Zilien mit der Plasmamembran (Zhang et al., 2004; Menezes et al., 2004; Ward et al., 2003). Im C-Terminus von Polyductin konnte eine Erkennungssequenz identifiziert werden, die für den Transport in die Zilien verantwortlich ist (Follit et al., 2010). Es wird vermutet, dass Polyductin eine Rolle in der intrazellulären Signalgebung und –weiterleitung spielt (Wang et al., 2004). Die Struktur von Polyductin kann Abbildung II.4 entnommen werden. Polyductin kommt zusammen mit Polycystin-1 und -2 als Interaktionskomplex in Nierenepithelzellen vor (Garcia-González und Germino, 2008; Kim und Wu, 2008).

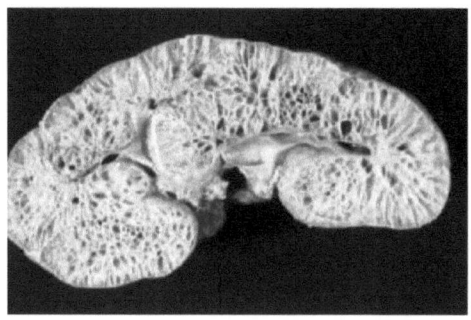

Abbildung II.3: Makroskopisches Schnittpräparat einer ARPKD-Niere
(entnommen aus Coffmann, 2002)
Zu erkennen ist eine vergrößerte Niere deren radiär angeordneten erweiterten Nephronenabschnitte das Nierenparenchym vom Mark bis in den Cortex durchziehen.

Von ARPKD betroffene Feten bzw. Neugeborene zeigen meist massiv vergrößerte Nieren, deren Form jedoch erhalten bleibt. Die Vergrößerung beruht auf einer Ansammlung multipler Mikrozysten mit einem Durchmesser von ca. 2 mm (siehe Abbildung II.3).

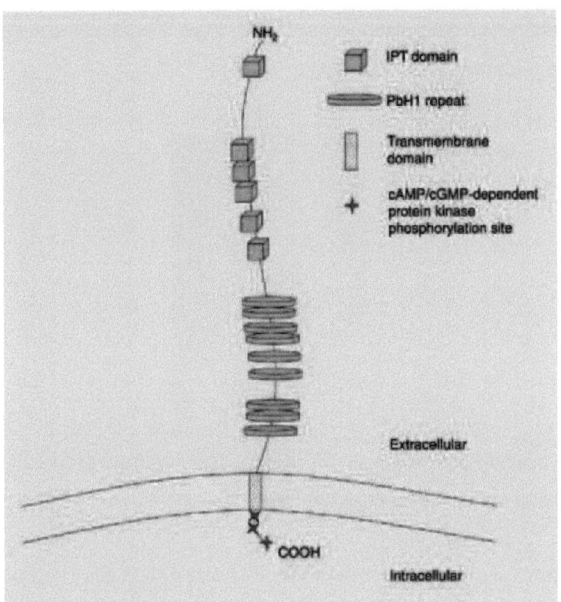

Abbildung II.4: Struktur von Polyductin
(entnommen aus Menezes et al., 2006)
Laut computergestützter Vorhersage handelt es sich bei Polyductin um ein integrales Membranprotein mit großem extrazellulären Teil, einer einzelnen Transmembrandomäne sowie einer kurzen intrazellulären Domäne (sog. Typ I-Membranprotein). Es weist im unglykosylierten Zustand ein Molekulargewicht von 447 kDa auf. Der extrazelluläre N-Terminus enthält mehrere Kopien einer TIG/IPT-Domäne (immunoglobin-like fold shared by plexins and transcription factors) sowie diverse parallele β-Helix- Wiederholungen (PbH1-repeats). Außerdem enthält er ein für Membranproteine typisches Signalpeptid sowie eine Schnittstelle, über die das Signalpeptid nach der Translokation zum Zielort vom Rest des Proteins abgespalten werden kann. Für den intrazellulären Teil werden lediglich ein Kern-Lokalisationssignal (nuclear localisation signal, NLS) sowie einige potentielle Phosphorylierungsstellen vermutet (Hiesberger et al., 2006).

Histopathologisch gesehen handelt es sich bei den Zysten um Ausdehnungen der Sammelrohre und distale Tubulusabschnitte, die sich radiär vom Mark bis in den Cortex erstrecken. Die starke Vergrößerung der Niere führt zu einer Hypoplasie der Lunge, was bei 30 bis 50 % der Neugeborenen zu einer respiratorischen Insuffizienz und in Folge dessen zum Versterben führt. Desweiteren kann eine verminderte renale Ausscheidung des Feten zu intrauterinem Fruchtwassermangel (Oligohydramnion) kommen, der zur sogenannten Potter-Sequenz führt (siehe Abbildung II.5). Diese ist charakterisiert durch typische Gesichtsdysmorphien, Hypoplasie der Lunge, Fehlbildungen des Urogenitaltrakts sowie Klumpfüße (Osathanondh und Potter, 1964).

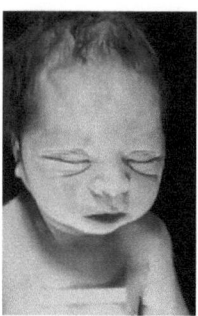

Abbildung II.5: Typische Potter-Facies in Folge eines Oligo-/Anhydramnions (entnommen von http://medgen.genetics.utah.edu)

Bei über viele Jahre verlaufender Krankheit verbinden sich die ursprünglich gleichmäßig angeordneten Mikrozysten zu einheitlichen Zysten von mehreren Zentimetern Durchmesser. Dies führt zu einer Einschränkung der glomerulären Filtrationsrate und meistens zu einer Niereninsuffizienz (Guay-Woodford und Desmond, 2003). Obligat für eine ARPKD ist außerdem eine kongenitale hepatische Fibrose mit Duktalplattenmalformation (siehe Abbildung II.6). Neben der Lungenhypoplasie und der terminalen Niereninsuffizienz ist eine portale Hypertension als Folge der Leberfibrose die Haupttodesursache bei Patienten mit ARPKD, v. a. mit steigendem Lebensalter rückt die Lebersymptomatik vermehrt in den Mittelpunkt (Zerres *et al.*, 1996). Eine genaue Abschätzung der Prognose ist aufgrund des breiten klinischen Spektrums und der intrafamiliären Variabilität der Erkrankung nur schwer möglich. Nach Überstehen der Neugeborenenperiode, in der besonders die ersten 4 Wochen kritisch sind und zunächst meist eine Stabilisierung der Atmung im Vordergrund stehen muss, bevor eine Nierenersatztherapie bzw. eine Nierentransplantation vorgenommen werden kann, wird die 10-Jahres-Überlebensrate mit 82 % und die 15-Jahres-Überlebensrate mit 67-79 % angegeben (Roy et al., 1997; Kaplan et al., 1989).

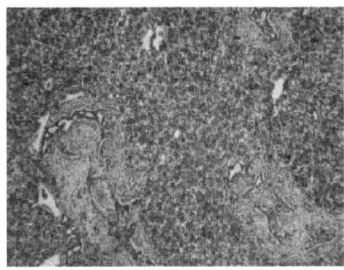

Abbildung II.6: Mikroskopische Schnittpräparat einer ARPKD-Leber
(entnommen aus Zerres *et al.*, 2003)
Zu sehen ist die typische Duktalplattenmalformation mit hyperplastischen, zystisch erweiterten Gallengängen und portaler Fibrose.

1.3 Diagnostik

Die Diagnose ADPKD wird meist sonographisch bei positiver Familienanamnese gestellt. Da aber auch Neumutationen vorkommen, ist eine molekulargenetische Diagnostik unter Umständen auch bei auffälligem Ultraschallbefund und negativer Familienanamnese indiziert.

Bei der ARPKD sind häufig schon pränatal im Ultraschall vergrößerte Nieren mit erhöhter Echogenität des Nierenparenchyms festzustellen. Gestützt wird die Diagnose durch einen negativen Nierenultraschall beider Eltern bei unauffälliger Familienanamnese, Zeichen einer Leberfibrose sowie die gesicherte Diagnose bei einem betroffenen Geschwisterkind. Ein weiterer Hinweis für eine ARPKD kann aufgrund des rezessiven Erbgangs eine Konsanguinität der Eltern sein.

Da sowohl für die ADPKD als auch für die ARPKD die verantwortlichen Gene identifiziert werden konnten, besteht die Möglichkeit, die klinische Diagnose durch eine Direktsequenzierung dieser Gene molekulargenetisch zu bestätigen. Dies ermöglicht zudem, im Falle der ARPKD eine Pränataldiagnostik, die aufgrund der häufig infausten Prognose sowie dem hohen Wiederholungsrisiko (25 % bei rezessivem Erbgang) von vielen betroffenen Familien in Anspruch genommen wird. Dabei ist jedoch zu beachten, dass keine Ausschlussdiagnostik möglich ist, da die Mutationsdetektionsraten für beide Erkrankungen nicht bei 100 % liegen (Bergmann *et al.*, 2005; Losekoot *et al.*, 2005; Sharp *et al.*, 2005). Dies könnte darauf zurückzuführen sein, dass große Deletionen bzw. Duplikationen mit den gängigen Analysemethoden nicht detektierbar sind. Desweiteren werden meist nur Exons inklusive angrenzender Intronbereichen untersucht, sodass weiter intronisch liegende Veränderungen, die z.B. einen Einfluss auf das Spleißen haben könnten (Bergmann et al., 2006), nicht detektiert werden. Außerdem wurden sowohl für ADPKD als auch für ARPKD weitere Locus-Heterogenie postuliert, ohne dass bislang ein weiteres Gen beschrieben wurde.

Weder für die ADPKD noch für die ARPKD können Genotyp-Phänotyp-Korrelationen beobachtet werden. Diese bereits zuvor für die ADPKD erwähnte intrafamiliäre Variabilität ist wahrscheinlich durch weitere genetische, epigenetische oder exogene Ursachen zu erklären (Rosetti und Harris, 2007). Allerdings ist zu beobachten, dass sich die Erkrankung bei *PKD1*-Mutationsträgern früher manifestiert und dass das Nierenversagen durchschnittlich 20 Jahre früher auftritt als bei *PKD2*-Mutationsträgern (Fencl et al., 2009). Außerdem scheinen Missense-Mutationen bei der ARPKD einen milderen Verlauf als Nonsense-Mutationen zur Folge zu haben. So wurde beobachtet, dass das klinische Bild milder sein kann, wenn es sich bei mindestens einer der beiden pathogenen Mutationen um eine Missense-Mutation handelt. Das Vorliegen von zwei trunkierenden Mutationen hingegen hat meist die Ausprägung eines schweren Phänotyps zur Folge (Bergmann et al., 2005).

2 Ziliopathien

Unter Ziliopathien versteht man Krankheiten, bei denen der Phänotyp auf einer Fehlfunktion der Zilien bzw. Basalkörper beruht (Badano et al., 2006; Veland et al., 2009). Die damit in Verbindung gebrachten Proteine sind nahezu alle in Zilien oder assoziierten Organellen lokalisiert. Viele dieser Proteine interagieren miteinander und bilden somit ein komplexes Netzwerk.

2.1 Primäre Zilien

Viele eukaryotische Zellen sind im Besitz eines sogenannten primären Ziliums. Dabei handelt es sich um einen Zytoplasmafortsatz, der ca. 5-10 µm aus der apikalen Membran polarisierter Zellen in den Extrazellularraum herausragt und in dem sich ein Bündel aus

Mikrotubuli befindet (Satir et al., 2010). Sie sind an der Geruchswahrnehmung, dem Sehen und vielen weiteren sensorischen Prozessen beteiligt. Diese primären Zilien müssen von den sogenannten motilen Zilien unterschieden werden. Im Gegensatz zu den motilen Zilien, die in der Regel einem 9 + 2 Aufbau folgen, fehlt primären Zilien das innere Mikrotubuli-Paar. Ihren Aufbau bezeichnet man folglich als 9 + 0 Aufbau (siehe Abbildung II.7). Es wurden jedoch in Ausnahmefällen auch motile Zilien mit 9 + 0 Aufbau und nicht motile Zilien mit 9 + 2 Aufbau beschrieben (Fliegauf et al., 2007).

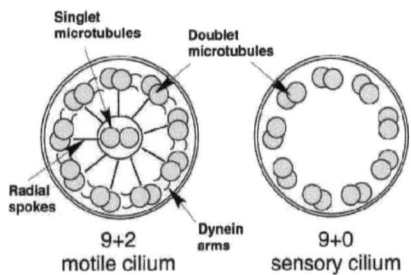

Abbildung II.7: Schematischer Querschnitt durch eine motile (links) und primäre Zilie (rechts) (entnommen aus Bisgrove und Yost, 2006)

Die Bildung von primären Zilien erfolgt im Rahmen der Zelldifferenzierung aus einer der beiden Zentriolen einer Zelle. Über diese Zentriole bleibt sie dauerhaft in der Zelle verankert. Zusammen mit der anderen Zentriole bildet diese den sogenannten Basalkörper-Zentrosomen-Komplex, der als Mikrotubuli-organisierendes Zentrum fungiert (Praetorius und Spring, 2005). Da in der Zilie selber keine Proteine gebildet werden, müssen Moleküle mittels Motorproteinen von der Basis der Zilie entlang des Axonems bis zur Spitze (anterograder Transport mittels Kinesin-II) und wieder zurück (retrograder Transport mittels Dynein-1b) transportiert werden. Diesen Vorgang bezeichnet man als Intraflagellaren Transport (IFT) (Bisgrove und Yost, 2006).

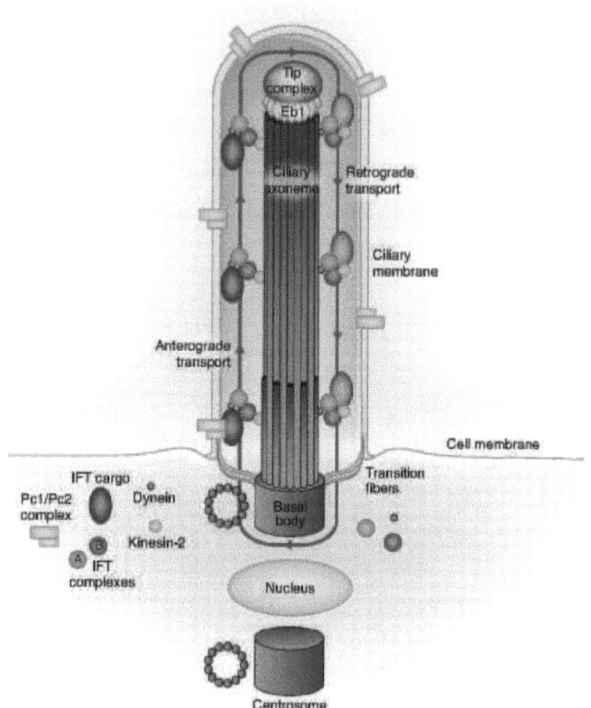

Abbildung II.8: Schematische Darstellung des Intraflagellaren Transports (IFT) (entnommen aus Hildebrandt et al., 2009)
Schematischer Längsschnitt durch den Zilien-tragenden Bereich einer Zelle mit den für den IFT wichtigen Komponenten.

Es wird vermutet, dass primäre Zilien in der Niere durch den Urinfluss vermittelte Signale über eine Veränderung der intrazellulären Kalzium-Konzentration an das Zellinnere weiterleiten und somit als Mechano- und Chemosensoren fungieren (Praetorius und Spring, 2001). Allerdings haben andere Studien gezeigt, dass Defizite in der Erkennung und Interpretation des Urinflusses keinen signifikanten Einfluss auf die Ausbildung von Nierenzysten haben (Köttgen et al., 2008).

In der orpk-Maus, einem Model für polyzystische Nierenerkrankungen, die Mutationen im Gen für das am intraflagellarem Transport beteiligte IFT88-Protein trägt, zeigen sich verkürzte Zilien (Pazour et al., 2000). So konnte erstmals eine Verbindung zwischen defekten Zilien und zystischen Nierenveränderungen hergestellt werden. Desweiteren sind in primären Zilien viele Rezeptoren von entwicklungsspezifischen Signalwegen wie dem

Hedgehog- oder dem Wnt-Signalweg lokalisiert (Han et al., 2009; Wong et al., 2009). So führt nicht nur die Fehlbildung oder ein Verlust des Ziliums zur Ausbildung eines ADPKD Phänotyps in der Maus, sondern z. B. auch eine Aktivierung des Wnt/β-catenin Signalwegs (Saadi-Kheddouci et al., 2001; Singla and Reiter, 2006; Winyard et al., 2011).

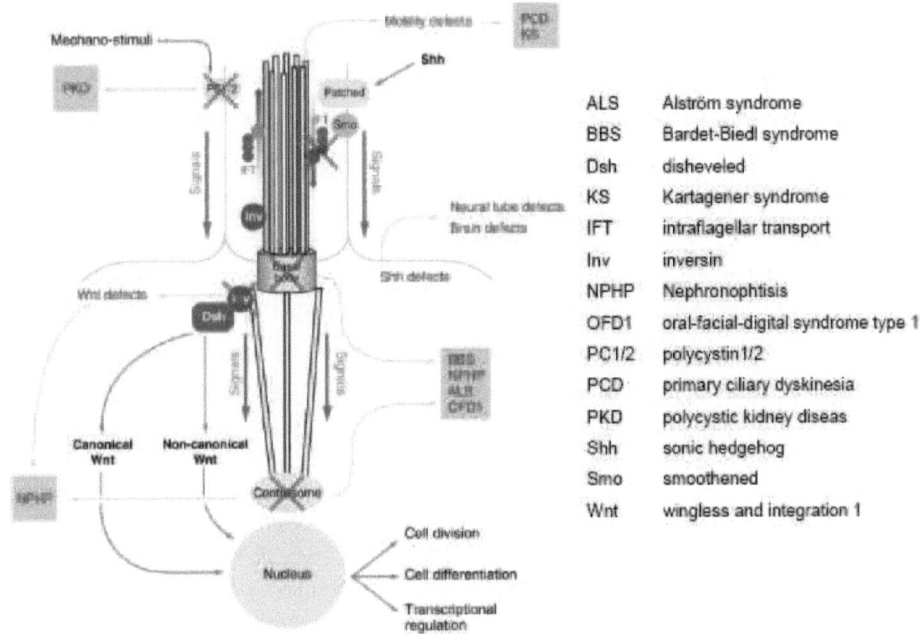

Abbildung II.9: Schematische Darstellung von Signalwegen im Zilium
(entnommen aus Badano et al., 2006)
Das Zilium leitet externe Signale über verschiedene Signalwege zum Zellkern, wo sie schließlich Einfluss auf Zellteilung und Differenzierung haben. Sind die Signalwege an spezifischen Stellen gestört, kommt es zur Ausprägung der entsprechenden Ziliopathie.

2.2 Syndromale Ziliopathien

Neben den polyzystischen Nierenerkrankungen, bei denen typischerweise nur ein oder maximal zwei Organe im Mittelpunkt der klassischen Symptomatik stehen, gibt es auch Syndrome mit Multiorganbeteiligung, die mit Ziliopathien assoziiert sind. Bei diesen Syndromen kann das klinische Spektrum sehr variabel sein und die Phänotypen sind stark

überlappend. Mutationen im gleichen Gen können einerseits zu sehr unterschiedlichen klinischen Bildern und syndromalen Entitäten führen, andererseits kommen viele der unten genannten Merkmale bei verschiedenen Krankheiten vor.
Zu den syndromalen Ziliopathien zählen z.b. das Meckel-Gruber-, das Bardet-Biedl- und das Joubert-Syndrom. Das autosomal-rezessiv vererbte Meckel-Gruber-Syndrom zeichnet sich durch eine okzipitale Enzephalocele, andere Hirnfehlbildungen, eine Lippen-Kiefer-Gaumenspalte, eine Duktalplattenmalformation, zystische Nierenveränderungen sowie eine Polydaktylie aus. Beim ebenfalls autosomal-rezessiv vererbten Joubert-Syndrom findet man neben zystischen Nierenveränderungen ZNS- Fehlbildungen (z. B. „Molar tooth sign"), abnorme Atmung, Retinopathien, okuläre Motilitätsstörungen sowie mentale Retardierung. Auch das Bardet-Biedl-Syndrom wird typischerweise autosomal-rezessiv vererbt. Typisch für dieses Syndrom sind zystische Nieren, Retinopathien, Adipositas, mentale Retardierung, Polydaktylie und ein hypoplastisches Genitale. Das sehr ähnliche und zum Teil überlappende phänotypische Spektrum dieser Erkrankungen kann zum Teil auf allelische Effekte zurückgeführt werden. So konnten für mehrere dieser Ziliopathien oligogene Vererbungsmuster nachgewiesen werden, bei welchen Mutationen in mehr als zwei Allelen und mehr als einem Gen für die Krankheit erforderlich sind (Badano *et al.*, 2003; Beales, 2005).

In Anbetracht dieser stark überlappenden Phänotypen und der zum Teil allelischen Vererbung, müssen in einem Patienten in der Regel eine Vielzahl von Genen als krankheitsverursachend in Betracht gezogen werden (Bergmann, 2011).

3 DAZ Interacting Protein 1 Like – DZIP1L

Um den Pathomechanismus von polyzystischen Nierenerkrankungen erforschen zu können, greift man oft auf Modellorganismen zurück. Ein interessanter Modellorganismus ist dabei der Zebrafisch (*Dario rerio*). Obwohl sein Pronephros einfach aufgebaut ist, ist er dem höherer Wirbeltiere recht ähnlich. Bei Zebrafischen ist die Entwicklung des Pronephros stark mit der Ausbildung der Somiten verbunden. Ist die Ausbildung der Somiten gestört, kann auch der Pronephros nicht regelrecht gebildet werden. Mittellinien-Mutanten, also Mutanten, bei denen die Somitenentwicklung gestört ist, stellen deswegen ein gutes Modell für polyzystische Nierenerkrankungen dar. 2004 konnte in einer solchen durch Behandlung mit ENU (*N*-ethyl-*N*-nitrosourea) induzierten Mutante, die als *Iguana* bezeichnet wird, mit *DZIP1* (DAZ Interacting Protein 1) das verantwortliche Gen identifiziert werden (Sekimizu et al., 2004; Wolff et al., 2004). Iguana Mutanten haben zu wenige motile Zilien in den Ducti der Pronephrone und in den Kupffer Vesikeln (Glazer et al., 2010). Die Kupffer Vesikel generieren einen Flüssigkeitsstrom, der gegen den Uhrzeigersinn fließt und sind so für die Ausbildung der links-rechts Asymmetrie verantwortlich (Essner et al., 2005; Kramer-Zucker et al., 2005). Darum zeigten Iguana Mutanten außerdem Defekte der links-rechts Asymmetrie (Glazer et al., 2010). Desweiteren konnte gezeigt werden, dass DZIP1 eine Rolle im Hedgehog-Signalweg spielt, indem es die intrazelluläre Verteilung der GLI-Transkriptionsfaktoren reguliert (Wolff et al., 2004; Sekimizu et al., 2004). Eine weitere Arbeitsgruppe hat beschrieben, dass in Iguana Mutanten die Ausbildung von „ciliary pits" und des Axonems vollständig inhibiert ist. Dies lässt darauf schließen, dass DZIP1 essentiell für die Genese des Axonems und somit für die Ziliogenese ist (Tay et al., 2010, Kim et al., 2010). Zudem konnte gezeigt werden, dass motile Zilien von Iguana Mutanten weitgehend keinen Phänotyp zeigen, was darauf hindeutet, dass die Rolle von DZIP1 spezifisch für die Genese primärer Zilien ist (Kim et al., 2010).

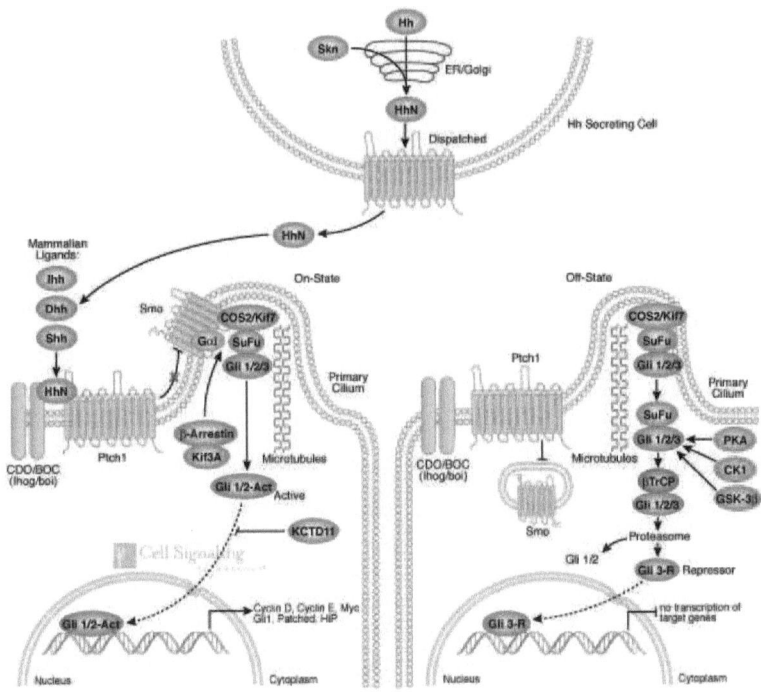

Abbildung II.10: Der Hedgehog-Signalweg

(entnommen von http://www.cellsignal.com)

In Abwesenheit der Hedgehog-Liganden Sonic (Shh), Desert (Dhh) und Indian Hedgehog (Ihh) (siehe OFF-state, rechts) ist der Rezeptor Patched (Ptch1) im physiologischen Zustand an die Zellmembran gebunden und verhindert die Assoziation von Smoothened (Smo), einem G-Protein gekoppelten Transmembranprotein, mit der Membran. SuFu und Kif7 halten die im primären Zilium an die Mikrotubuli gebundenen GLI-Transkriptionsfaktoren (Gli1/2/3) im Zytoplasma. Dort werden sie von der Proteinkinase A (PKA), der Casein Kinase I (CKI) und der Glycogen-Synthase-Kinase-3β (GSK-3β) phosphoryliert. Dies führt zu einer proteolytischen Spaltung von Gli3 durch die Ubiquitin E3 Ligase β-TrCP. Durch diese Spaltung wird Gli3 zu einer verkürzten Repressorform (Gli3-R) prozessiert. Gli3-R gelangt in den Zellkern und kann dort die Hedgehog-Zielgene reprimieren. Gli2 wird ebenfalls einer Protein-Prozessierung unterzogen, es ist jedoch nicht vollständig geklärt, ob dieser Prozess in der Generierung eines verkürzten Repressors oder in der Degradation des Proteins resultiert.

Die Bindung der Hedgehog-Liganden an Ptch1 (siehe ON-state, links) führt zu einer β-Arrestin-vermittelten Translokation von Smo in die Membran des primären Ziliums. Dort wird über seine G-Protein-Aktivität die suppressive Wirkung der Kinasen auf die GLI-Transkriptionsfaktoren inhibiert. Dies hat zur Folge, dass Gli1- und -2 freigesetzt werden und als Aktivatoren in den Zellkern wandern, um dort die Expression der Hedgehog-Zielgene zu aktivieren. Die ungespaltene Form von Gli3 kann ebenfalls als Aktivator (Gli3-A) agieren. Gli3 ist demnach ein bifunktioneller Regulator der Transkription.

Beim Menschen konnten zwei Iguana Homologe identifiziert werden: DZIP1 und DZIP1L. Beide Proteine sind Zinkfinger-Proteine und im Bereich der Basalkörper primärer Zilien lokalisiert. Sie sind notwendig für die Ziliogenese in Vertebraten. Es konnte gezeigt werden, dass die Induktion von primären Zilien in humanen Zellen durch RNAi´s der humanen Gene *DZIP1-* und *DZIP1L* unterbrochen werden kann (Glazer et al., 2010). In der Zystennierenarbeitsgruppe des Instituts für Humangenetik am Universitätsklinikum Aachen konnte *DZIP1L* mittels Homozygosity-Mapping in einer ARPKD-Familie als Kandidaten-Gen für polyzystische Nierenerkrankungen identifiziert werden (unpublizierte Daten). Es ist auf Chromosom 3q22.3 lokalisiert, umfasst 16 Exons und kodiert für ein 737 Aminosäuren großes Protein mit Zinkfinger- und coiled-coil-Domäne. Diese Domänen sind prädestiniert für Protein-Protein-Interaktionen und oft an der Bindung von RNA und DNA beteiligt.

Bislang ist über die Funktion von DZIP1L noch nicht viel bekannt, aber durch seine Rolle als Kandidaten-Gen und den Bezug seines Homologs DZIP1 zum Hedgehog-Signalweg, stellt es ein interessantes Forschungsobjekt zur weiteren Charakterisierung dar.

4 Zielsetzung

DZIP1L stellt durch seine Rolle als Kandidaten-Gen und den Bezug zum Hedgehog-Signalweg, vor dem Hintergrund eines möglichen Protein-Netzwerks von Zystoproteinen, ein interessantes Forschungsobjekt zur weiteren Charakterisierung von zystischen Nierenerkrankungen dar.

Zielsetzung dieser Arbeit war die Identifizierung und Charakterisierung von potentiellen Interaktionspartnern von DZIP1L. Um dieses Ziel zu erreichen, musste zunächst ein bakterielles Two Hybrid-System etabliert werden, welches zur Suche der Interaktionspartner genutzt werden sollte. Als Pool für die Suche sollte eine fetale Nieren-cDNA-Bibliothek dienen, da anzunehmen ist, dass Proteine, die während der Entwicklung der Niere exprimiert werden, eine Rolle bei der Zystenbildung spielen. Proteine, die mit DZIP1L interagieren, könnten möglicherweise Transkriptionsfaktoren sein, die zur Nierenentwicklung beitragen, im gleichen Signalweg wie DZIP1L eine Rolle spielen oder die Aktivität von DZIP1L beeinflussen.

Anschließend sollte die Interaktion der potentiellen Interaktionspartner mit DZIP1L in eukaryotischen Zellen überprüft und validiert werden. Dazu wurde das Verfahren der Koimmunopräzipitation gewählt.

Darüber hinaus sollte in der Immunfluoreszenz gezeigt werden, dass die detektierten Interaktionspartner im gleichen Zellkompartiment mit DZIP1L kolokalisieren.

III Material und Methoden

1 Material

1.1 Geräte

Autoklav	HV-85 (HD-Tek, Süßen, D)
Blotkammer	Biometra Fastblot B34 (Biometra, Göttingen, D)
Brutschränke	Heraeus HeraCell 150 CO_2 Incubator (Thermo Fisher Scientific, Schwerte, D)
	HeraHybrid 6 100C (Kendro, Langensebold, D)
Entwicklungsmaschine	Optimax Röntgenfilm-Entwicklungsmaschine (Protec medical systems, Oberstenfeld, D)
Elektrophoresekammern	Gelkammer EasyPhor Maxi (Biozym, Hess. Oldendorf, D)
	Serva Gelkammer DM100 (Serva Electrophoresis GmbH, Heidelberg, D)
	SE 266 Mighty Small II-System (Hoefer, San Francisco, US)
	Mini-PROTEAN Tetra Cell (Bio-Rad, München, D)
Fluoreszenzmikroskop	Axio Observer.Z1 mit HXP Beleuchtungseinheit und Powersupply 231 (Zeiss, Göttingen, D)
Geldokumentation	Imaging-System Gel Doc 2000 (Bio-Rad, München, D)
Gelgieß-Einrichtungen	Dual Gel Caster SE 245 (Hoefer, San Francisco, USA)
	Mini-PROTEAN Casting Stand and frames (Bio-Rad, München, D)

Gel-Träger	20x20cm (Amersham Pharmacia Biotech, Freiburg, D)
	Short plates and Spacer Plates With 1.0 mm Integrated Spacers (Bio-Rad, München, D)
Gel-Kämme	22-Zahn-Kämme (Amersham Pharmacia Biotech, Freiburg, D)
	Mini-PROTEAN Comb, 9-well and 10-well (Bio-Rad, München, D)
Heizblock	Dry-Block DB3D (Techne, Wertheim, D)
Netzteile	Elektrophoresis Power Supply PS 304 (Gibco BRL, Groningen, NL)
	Whatmann Biometra Model PS304 Power Supply (Biometra, Göppingen, D)
Magnetrührer	Ikamag RCT basic (IKA Labortechnik, Staufen, D)
Mikrowelle	Bosch, München, D
pH-Meter	Bench Meter pH 211 (Hanna Instruments, Kehl am Rhein, D)
Photometer	Bio Photometer (Eppendorf, Köln, D)
Pipetten	Pipette P10, P20, P100, P200, P1000 (Gilson, Villiers-le-Bel, F)
Schüttler	Kreis-Schüttler GFL 3015 (GFL Gesellschaft für Labortechnik GmbH, Burgwedel, D)
	KS-15 mit Inkubationshaube TH 15 (Edmund Bühler GmbH, Hechingen, D)
	Laboshake RO 500 mit Thermoshake (C. Gerhardt GmbH, Königswinter, D)
	Thermomixer 5437 (Eppendorf AG, Hamburg, D)

	Horizontalschüttler HS 250 (IKA Labortechnik, Staufen, D)
	Biometra OV2 Überkopfschüttler (Biometra, Göppingen, D)
Sterilarbeitsbänke	HeraSafe HS12 (Kendro Laboratory Products, Hanau, D)
	HeraSafe KS12 (Thermo Electron, Langenselbold, D)
Sequenziergerät	ABI Prism 310 Genetic Analyzer (Applied Biosystems, Darmstadt, D)
	ABI Prism 3130 Genetic Analyzer (4Capillary) (Applied Biosystems, Darmstadt, D)
Sequenzierzubehör	(Applied Biosystems, Darmstadt, D)
Thermocycler	Thermocycler PTC 100, MJ Research (Biozym, Hess. Oldendorf, D)
	Thermocycler PTC 200 DNA Engine, MJ Research (Biozym, Hess. Oldendorf, D)
	Biometra Personal Cycler (Biometra, Göttingen, D)
	Thermo Hybaid Px2 (Thermo Fisher Scientific, Schwerte, D)
Waagen	BP 2100 (Sartorius AG, Göttingen, D)
	BP 615 (Sartorius AG, Göttingen, D)
Wasserbäder	GFL 1086 (GFL Gesellschaft für Labortechnik, Burgwedel, D)
	Lauda Ecoline Refrigerating Circulators RE-200 (Lauda Dr. R. Wobser GmbH & Co. KG, Lauda-Königshofen, D)
Zentrifugen	Centrifuge 5415C (Eppendorf, Hamburg, D)
	Heraeus Fresco 17 (Thermo Fisher Scientific, Schwerte, D)

Heraeus Megafuge 1.0R (Thermo Fisher Scientific, Schwerte, D)

Heraeus Christ Varifuge K (Heraeus Christ GmbH, Osterode, D)

1.2 Chemikalien

Alle verwendeten Chemikalien wurden von folgenden Firmen bezogen:

AppliChem GmbH (Darmstadt, D)

Bio-Rad (München, D)

Carl Roth (Karlsruhe, D)

Fluka Chemie GmbH (Buchs, CH)

ICN Biomedicals (Ohio, USA)

Invitrogen (Karlsruhe, D)

Merck (Darmstadt, D)

Roche (Mannheim, D)

Serva (Heidelberg, D)

Sigma-Aldrich (Deisenhofen, D)

1.3 Reagenzien, Reaktionskits und Enzyme

DNA-Aufreinigungskit	QIAquick PCR Purification Kit (Qiagen, Hilden, D)
DNase	RNase-Free DNase-Set (50) (Qiagen, Hilden, D)
DNA-Ligase	T4 DNA Ligase (Promega, Mannheim, D)

Desoxyribonukleosidtriphosphate 100 mM dATP, 100 mM dTTP, 100 mM dCTP, 100 mM dGTP (Invitrogen, Karlsruhe, D)

Gelextraktionskit	QIAquick Gel Extraction Kit (Qiagen, Hilden, D)
Immunfluoreszenz-Reagenzien	Mowiol 4-88 (Carl Roth, Karlsruhe, D)
	DAPI (Merck, Darmstadt, D)
Längenstandards	GeneRuler 1kb DNA ladder (Fermentas, St. Leon-Rot, D)
	PageRuler Prestained Protein ladder (Fermentas, St. Leon-Rot, D)
	PageRuler Plus Prestained Protein ladder (Fermentas, St. Leon-Rot, D)
Phosphatase	Alkaline Phosphatase (Shrimp) (Roche, Mannheim, D)
Plasmidisolationskit	GeneJET Plasmid Miniprep Kit (Fermentas, St. Leon-Rot, D)
	HiSpeed Plasmid Midi Kit (Qiagen, Hilden, D)
	HiSpeed Plasmid Maxi Kit (Qiagen, Hilden, D)
Polymerasen	*Taq* DNA-Polymerase rekombinant (Invitrogen, Karlsruhe, D)
	AccuPrime Taq DNA Polymerase High Fidelity, (Invitrogen, Karlsruhe, D)
Protease-Inhibitor-Mix	Protease Inhibitor Cocktail Tablets (Roche, Mannheim, D)
Restriktionsendonukleasen	*Eco*RI (New England Biolabs, Frankfurt/Main, D)
	*Hind*III (New England Biolabs, Frankfurt/Main, D)
	*Not*I (New England Biolabs, Frankfurt/Main, D)
	*Xho*I (New England Biolabs, Frankfurt/Main, D)

Sepharose	Protein G Sepharose 4 Fast Flow (GE Healthcare, Freiburg, D)
Sequenzier- Kit	BigDye® Terminator v1.1 Cycle Sequencing Kit (Applied Biosystems, Darmstadt, D)
Transfektiosnreagenzien	Roti-Fect (Carl Roth, Karlsruhe, D)
	Lipofectamin LTX (Invitrogen, Karlsruhe, D)
Trypsin/EDTA	0,05 % Trypsin 0,53 mM EDTA (liquid) (Invitrogen, Karlsruhe, D)
Western Blot Reagenzien	ReBlot Plus Strong Antibody Stripping Solution, 10x (Millipore GmbH, Schwalbach, D)
	Bio-Rad Protein Assay (Bio-Rad, München, D)

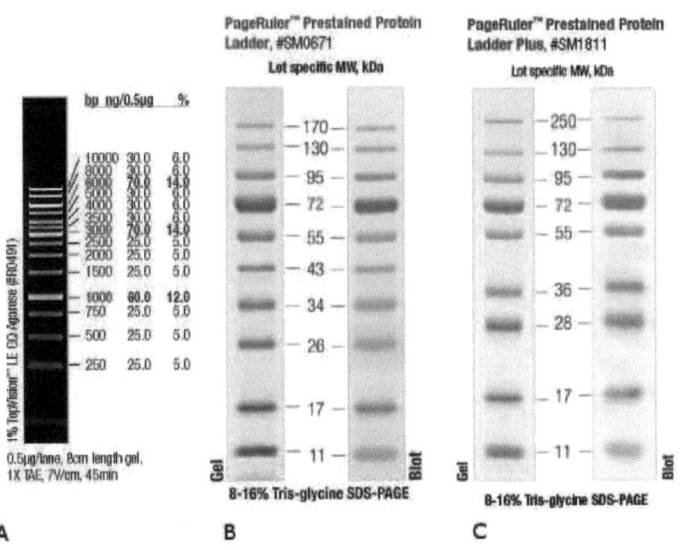

Abbildung III.1: Längenstandards
A: 1 kb DNA ladder; B: PageRuler Prestained Proteine ladder; C: PageRuler Plus Prestained Protein ladder (Fermentas, St. Leon-Rot; D)

1.4 Verbrauchsmaterialien

100 mm Zellkulturplatten	Tissuen Culture Dish 100 x 20 mm (Sarstedt Inc., Nürnbrecht, D)
24-well Zellkulturplatten	24-Well Platten (Becton & Dickinson Labware, Erembodegern, B)
60 mm Zellkulturplatten	Tissuen Culture Dish 60 x 20 mm (Sarstedt Inc., Nürnbrecht, D)
Deckgläser	Deckgläser rund, 12 mm Durchmesser, Typ 1.5 (Menzel GmbH & Co KG, Braunschweig, D)
Messpipetten steril	2 ml, 5 ml, 10 ml serologische Pipetten steril (Greiner Bio-One, Frickenhausen, D) 25 ml serologische Pipetten steril (Carl Roth, Karlsruhe, D)
Messpipetten unsteril	5 ml, 10 ml, 25 ml serologische Pipetten unsteril (Carl Roth, Karlsruhe, D)
Nitrocellulose Membran	Protran BA85 blotting membrane 0.45 µm 30 cm x 3 m (Whatman GmbH, Dassel, D)
Objektträger	Objektträger 76 x 26 mm (Carl Roth, Karlsruhe, D)
Röntgenfilme	CL-XPosure Film 18 x 24 cm (Pierce, Rockford, USA)
Whatman-Papier	Whatman-Papier GB002 (Schleicher und Schüll, Dassel, D)

Weitere Verbrauchsmaterialien wurden über die Abteilung Fertigvorrat des Universitätsklinikums der RWTH Aachen bezogen.

1.5 Medien, Puffer und Lösungen

Soweit nicht anders angegeben wurden die Puffer und Lösungen mit deionisiertem Wasser angesetzt.

1.5.1 Medien für die Bakterienkultur

Medien	LB-Medium, Pulver nach Lennox (AppliChem GmbH, Darmstadt, D)
	SOC Broth (Fluka Chemie GmbH, Deisenhofen, D)
	LB-Agar (AppliChem GmbH, Darmstadt, D)

1.5.2 Medien und Puffer für die Zellkultur

Medien	Dulbecco´s Modified Eagle Medium (DMEM) (1X) (High Glucose) (Invitrogen, Karlsruhe, D)
	Gibco Opti-MEM I Reduced Serum Media (1X) (Invitrogen, Karlsruhe, D)
Serum	Fetal Bovine Serum, Certified (Invitrogen, Karlsruhe, D)

Lysepuffer (Lipid Rafts Puffer)	Reagenzien	finale Konzentration
	NaCl	150 mM
	EDTA	5 mM
	Triton X-100	1 %
	TrisHCl	25 mM

1.5.3 Lösungen für PCR und Gelelektrophorese

dNTP-Lösung	Reagenzien	finale Konzentration
	100 mM dATP	1,25 mM
	100 mM dTTP	1,25 mM
	100 mM dCTP	1,25 mM
	100 mM dGTP	1,25 mM

2x Agarose-Ladepuffer	Reagenzien	finale Konzentration
	TBE	1x
	Ficoll 400	20 %
	Bromphenol-Blau	0,1 %

6x Agarose-Ladepuffer	6x DNA Loading Dye (Fermentas, St. Leon-Rot, D)
Puffer	UltraPure 10X TBE Buffer (Invitrogen, Karlsruhe, D)
	Dulbecco´s Phosphate Buffered Saline (10X) (Invitrogen, Karlsruhe, D)

1.5.4 Puffer und Lösungen für SDS-PAGE

Sammelgel-Puffer (4x)	Reagenzien	finale Konzentration
	Tris	0,5 M, pH 8,8
	SDS	0,4 %

Trenngel-Puffer (8x)	Reagenzien	finale Konzentration
	Tris	3 M, pH 6,8
	SDS	0,8 %

Laemmli-Puffer (2x)	Reagenzien	finale Konzentration
	TrisHCl	126 mM, pH 6
	Glycerol	20 %
	SDS	4 %

	Bromphenal-Blau	0,02 %
	B-Mercaptoethanol	4 %

Waschpuffer (PBS-T)	Reagenzien	finale Konzentration
	PBS	1x
	Tween 20	0,05 %

1.5.5 Puffer und Lösungen für Western Blot

Anodenpuffer I	Reagenzien	finale Konzentration
	Tris	300 mM, pH 10,4
	Methanol	20 %

Anodenpuffer II	Reagenzien	finale Konzentration
	Tris	25 mM, pH 10,4
	Methanol	20 %

Kathodenpuffer	Reagenzien	finale Konzentration
	Tris	25 mM, pH 9,4
	Methanol	20 %
	e-Aminocapronsäure	40 mM

Laufpuffer	Reagenzien	finale Konzentration
	Tris	0,25 M
	Glycin	1,92 M
	SDS	1 %

Blockierungspuffer	Reagenzien	finale Konzentration
	PBS-T	1x
	Magermilchpulver	5 %

Ponceau S Lösung (10X)	Reagenzien	finale Konzentration
	Ponceau S	2 %

	Trichloressigsäure	30 %
	Sulfosalicylsäure	30 %

Lösung A	Reagenzien	finale Konzentration
	TrisHCl	0,1 M, pH 8,6
	Luminol	1,25 M

Lösung B	Reagenzien	finale Konzentration
	p-Coumarinsäure in DMSO	6,7 mM

Chemilumineszenzlösung	1 ml Lösung A
	100 µl Lösung B
	0,1 µl H_2O_2

1.5.6 Lösungen für die Coomassiefärbung

Färbelösung	Reagenzien	finale Konzentration
	Methanol	50 %
	Essigsäure	10 %
	Coomassie-Blue R250	0,2 %

Färbelösung	Reagenzien	finale Konzentration
	Methanol	25 %
	Essigsäure	10 %

1.5.7 Medien und Lösungen für das B2H System

M9-Mediumszusätze	Reagenzien	Menge
	Glucose (20 %)	10 ml
	Adenin-HCl (20 mM)	5 ml
	His-dropout supplement (10x)	50 ml
	Magnesiumsulfat (1 M)	0,5 ml

	Thiamin-HCl (1 M)	0,5 ml
	Zinksulfat (10 mM)	0,5 ml
	Calciumchlorid (100 mM)	0,5 ml
	IPTG (50 mM)	0,5 ml
M9$^+$-His-dropout Medium	Reagenzien	Menge
	M9-Salze (10X)	50 ml
	M9-Mediumszusätze	67,5 ml
	H$_2$O	380 ml
nicht selektive Platten	Reagenzien	Menge
	Agar	7,5 g
	H$_2$O	380 ml
	M9-Salze (10x)	50 ml
	M9-Mediumszusätze	67,5 ml
	Chloramphenicol (25 mg/ml)	0,5 ml
	Tetracyclin (12,5 mg/ml)	0,5 ml
selektive Platten	Reagenzien	Menge
	Agar	7,5 g
	H$_2$O	380 ml
	M9-Salze (10x)	50 ml
	M9-Mediumszusätze	67,5 ml
	Chloramphenicol (25 mg/ml)	0,5 ml
	Tetracyclin (12,5 mg/ml)	0,5 ml
	3-AT (1 M)	2,5 ml
doppelt selektive Platten	Reagenzien	Menge
	Agar	7,5 g
	H$_2$O	380 ml
	M9-Salze (10x)	50 ml
	M9-Mediumszusätze	67,5 ml
	Chloramphenicol (25 mg/ml)	0,5 ml
	Tetracyclin (12,5 mg/ml)	0,5 ml
	3-AT (1 M)	2,5 ml

Streptomycin (12,5 mg/ml)   0,5 ml

1.5.8 Puffer und Lösungen für die Immunfluoreszenz

Blockierungspuffer	Reagenzien	finale Konzentration
	PBS	1x
	BSA	1 %

PBS++	Reagenzien	finale Konzentration
	PBS	1x
	Magnesiumchlorid	1 mM
	Calciumchlorid	0,1 mM

PBS++^{T}	Reagenzien	finale Konzentration
	PBS	1x
	Magnesiumchlorid	1 mM
	Calciumchlorid	0,1 mM
	Triton-X 100	20 %

Mowiol-Eindeckmedium	Reagenzien	finale Konzentration
	Mowiol	2,4 g
	Glycerol	6,0 g
	Tris	1 M, pH 8,5

1.6 Oligonukleotide

Die verwendeten Oligonukleotidprimer wurden von der Firma Eurofins MWG Operon (Ebersberg, D) synthetisiert. Zur Qualitätssicherung der Oligonukleotide, die in Klonierungen eingesetzt wurden, wurden diese per Umkehrphase-Hochleistungsflüssigkeitschromatographie (RP-HPLC) aufgereinigt.
Folgende Oligonukleotide wurden in dieser Arbeit verwendet:

Tabelle III.1: Eingesetzte Oligonukleotide

Name	Sequenz (5´-3´-Richtung)	Länge [bp]
DZIP1I_add1F	TCC CCA CCT TCA AGT TTC AG	20
DZIP1I_add2F	TCG CCA AGC AGA ACT CTA CA	20
DZIP1I_add3F	TTC AGT CAA AAG CCA GCA GA	20
DZIP1LpBT-myc F	GCG CAG CGG CCG CAT CTG CAT CAA TGC AGA AGC TGA TC	38
DZIP1LpBT-myc R	TGC GCC TCG AGT CAC CAG GCA GGG ACC CTG GGT T	34
PSAP-HA_pT_F	GCC ACC ATG TAC CCA TAC GAT GTT CCA GAT TAC GCT TAC GCC CTC TTC CTC CTG GCC AG	59
PSAP-HA_pT_R	CTA GTT CCA CAC ATG GCG TTT GCA ATG C	28
EEF1G-HA_pT_F	GCC ACC ATG TAC CCA TAC GAT GTT CCA GAT TAC GCT GCG GCT GGG ACC CTG TAC ACG TA	59
EEF1G-HA_pT_R	CTA CTT GAA GAT CTT GCC CTG A	22
NAGK-HA_pT_F	GCC ACC ATG TAC CCA TAC GAT GTT CCA GAT TAC GCT GCC GCG ATC TAT GGG GGT GTA	57
NAGK-HA_pT_R_neu	CTA GGA AAA GGT GTA GGA ATA GAA GGC	27
pBT-F (Stratagene)	TCC GTT GTG GGG AAA GTT ATC	21
pBT-R (Stratagene)	GGG TAG CCA GCA GCA TCC	18
pTRG-F (Stratagene)	TGG CTG AAC AAC TGG AAG CT	20
pTRG-R (Stratagene)	ATT CGT CGC CCG CCA TAA	18

1.7 Vektoren

- pBT (Agilent Technologies, Böblingen, D)
- pTRG (Agilent Technologies, Böblingen, D)
- pTargeT (Promega, Mannheim, D)
- pCMV-myc (Clontech, Mountain View, USA)

- pBT-LGF2 (Agilent Technologies, Böblingen, D)
- pTRG-Gal11^P (Agilent Technologies, Böblingen, D)

Bei den Vektoren pBT und pTRG (siehe Abbildung III.2 und III.3) handelt es sich um den Bait und Target Vektor des bakteriellen Two-Hybrid Systems von Agilent Technologies (BacterioMatch II Two-Hybrid System). pBT-LGF2 und pTRG-Gal11^P (siehe Abbildung III.6) sind Plasmide für die positiv Kontrolle für eine Interaktion im Two-Hybrid System. pTargeT und pCMV-myc (siehe Abbildung III.4 und III.5) sind eukaryotische Expressionsvektoren, die die Expression der klonierten Proteine in Säugetierzellen ermöglichen.

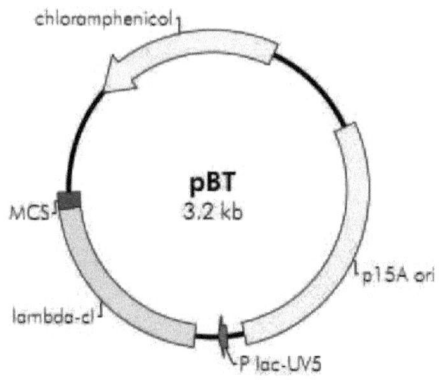

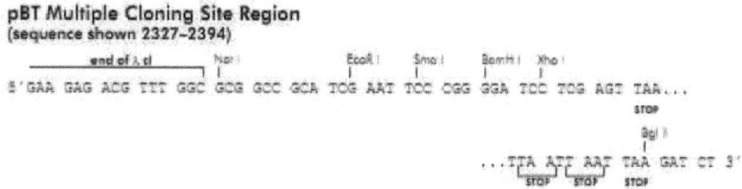

Abbildung III.2: Vektorkarte des pBT
Die Vektorkarte wurde aus dem Handbuch des Herstellers (Agilent Technologies, Böblingen, D) übernommen.

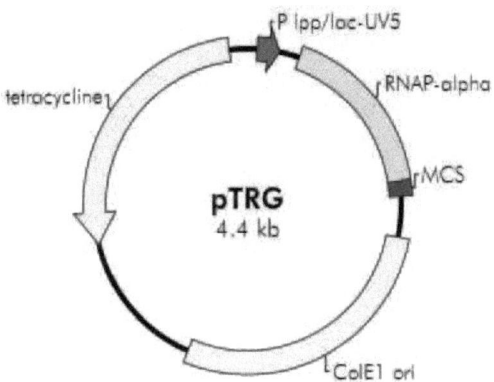

pTRG Multiple Cloning Site Region
(sequence shown 978-1065)

```
            end of RNAPα    BamHI    NotI              EcoRI
5' AAA CCA GAG GCG GCC GGA TCC GCG GCC GCA AGA ATT CAG TCT GAG CTG GCG...

                                    XhoI                          SpeI
                     ...CTC GAG TAA TTA ATT AAT TAA TGA ACT AGT GAG ATC C 3'
                              STOP  STOP STOP  STOP STOP    STOP STOP
```

Abbildung III.3: Vektorkarte des pTRG
Die Vektorkarte wurde aus dem Handbuch des Herstellers (Agilent Technologies, Böblingen, D) übernommen.

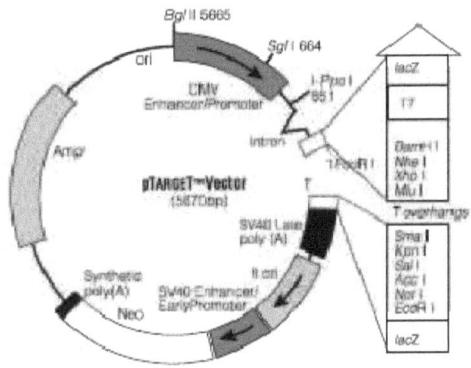

Abbildung III.4: Vektorkarte des pTargeT
Die Vektorkarte wurde aus dem Handbuch des Herstellers (Promega, Mannheim, D) übernommen.

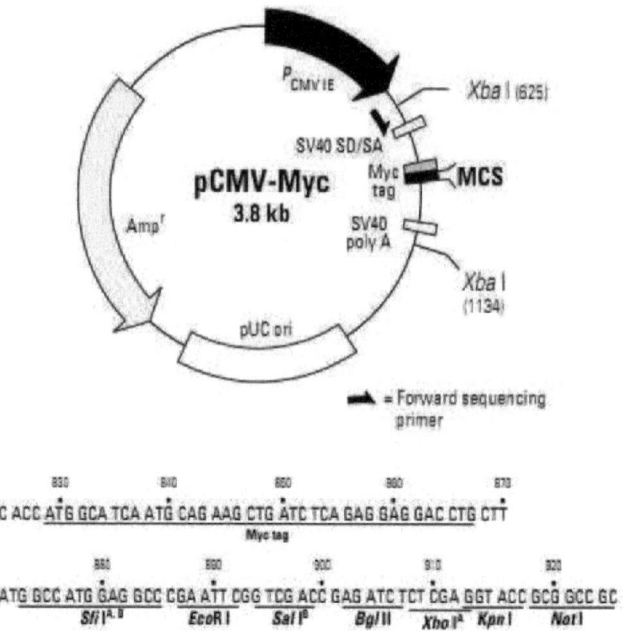

Abbildung III.5: Vektorkarte des pCMV-myc
Die Vektorkarte wurde aus dem Handbuch des Herstellers (Clontech, Mountain View, USA) übernommen.

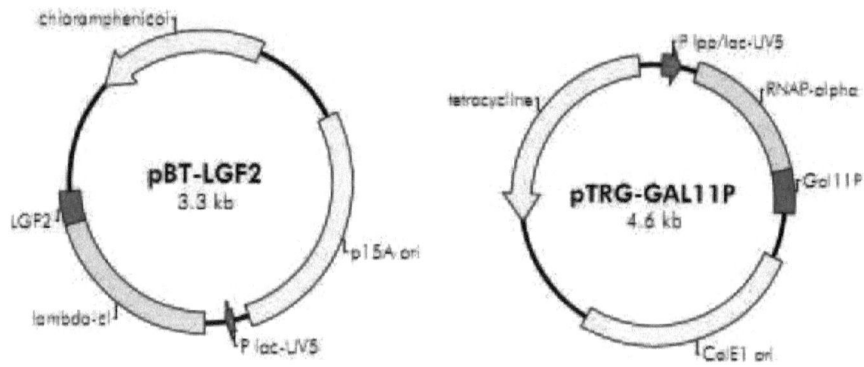

Abbildung III.6: Vektorkarten der Kontroll-Plasmide des BacterioMatch II Two-Hybrid System
Die Vektorkarten wurden aus dem Handbuch des Herstellers (Agilent Technologies, Böblingen, D) übernommen.

1.8 Verwendete Zelllinien

Tabelle III.2: In dieser Arbeit verwendete Zelllinien

Name	Zelltyp	Herkunft
COS7	Epithelzellen aus der Niere der grünen Meerkatze	Institut für Biochemie, RWTH Aachen, D
HEK293	Humane embryonale Nierenzellen, epithelien- und fibroblastenartig	Institut für Biochemie, RWTH Aachen, D
mIMCD-3	Epithelzellen der murinen renalen Sammelrohre	AG Omran, Kinderklinik Freiburg, D

1.9 Verwendete Bakterienstämme

Tabelle III.3: In dieser Arbeit verwendete Bakterienstämme

Stamm	Genotyp	Hersteller
Escherichia coli JM109	e14–(McrA–) recA1 endA1 gyrA96 thi-1 hsdR17 (rK– mK+) supE44 relA1 Δ(lac-proAB) [F´ traD36 proAB laclqZΔM15]	Promega, Mannheim, D
Escherichia coli One Shot TOP 10	F- mcrA Δ(mrr-hsdRMS-mcrBC) φ80 lacZΔM15 ΔlacX74 recA1 araD139 Δ(araleu) 7697 galU galK rpsL (StrR) endA1 nupG	Invitrogen, Carlsbad, D
Escherichia coli-Reporterstamm (BacterioMatch II Two-HybridSystem)	Δ(mcrA)183 Δ(mcrCB-hsdSMR-mrr)173 endA1 supE44 thi-1 recA1 gyrA96 relA1 lac [F´ laclq bla lacZ (Kanr)]	Stratagene, Amsterdam, NL
Escherichia coli XL1-Blue MRF´	Δ(mcrA)183 Δ(mcrCB-hsdSMR-mrr)173 endA1 supE44 thi-1 recA1 gyrA96 relA1 lac [F´ proAB laclqZΔM15 Tn5 (Kanr)]	Stratagene, Amsterdam, NL
Escherichia coli-Screening- und Validierungsstamm (BacterioMatch II Two-HybridSystem)	Δ(mcrA)183 Δ(mcrCB-hsdSMR-mrr)173 endA1 hisB supE44 thi-1 recA1 gyrA96 relA1 lac [F´ laclq HIS3 aadA (Kanr)]	Stratagene, Amsterdam, NL

1.10 Antikörper

Folgende Primär- und Sekundärantikörper wurden verwendet:

Tabelle III.4: In dieser Arbeit verwendete Primärantikörper

Bezeichnung	Spezies	Hersteller	Verwendung
anti-HA	Maus	Covance, D	CoIP, IF
anti-HA	Kanninchen	Bethyl, USA	WB, IF
anti-myc	Maus	Sigma-Aldrich, D	CoIP, IF
anti-myc	Kanninchen	Santa Cruz, USA	WB, IF
IgG, from Serum	Maus	Sigma-Aldrich, D	CoIP
anti-EEF1G	Kanninchen	Abcam, UK	WB, CoIP, IF
anti-NAGK	Kanninchen	Sigma-Aldrich, D	WB, CoIP, IF
anti-PSAP	Kanninchen	Abcam, UK	WB, CoIP, IF
anti-TTC19	Kanninchen	Abcam, UK	IF
anti-MYH9	Kanninchen	Abcam, UK	IF

Tabelle III.5: In dieser Arbeit verwendete Sekundärantikörper

Bezeichnung	Hersteller	Verwendung
Polyclonal Goat Anti-mouse Immunoglobulins/HRP	Dako Cytomation, DK	WB
Polyclonal Goat Anti-rabbit Immunoglobulins/HRP	Dako Cytomation, DK	WB
AlexaFluor488 goat anti-mouse IgG (H+L)	Invitrogen, D	IF
AlexaFluor488 goat anti-rabbit IgG (H+L)	Invitrogen, D	IF
AlexaFluor568 goat anti-mouse IgG (H+L)	Invitrogen, D	IF
AlexaFluor555 goat anti-rabbit IgG (H+L)	Invitrogen, D	IF
AlexaFluor555 donkey anti-mouse	Invitrogen, D	IF

2 Methoden

2.1 Molekulargenetische Methoden

2.1.1 DNA-Analysen

2.1.1.1 Polymerase-Kettenreaktion

Die Anreicherung von spezifischen DNA-Abschnitten erfolgte mit der bekannten molekularbiologischen Methode der Polymerase-Kettenreaktion (polymerase chain reaction, PCR). Hierbei liefern Sequenz-spezifische Oligonukleotide - genannt Primer - freie 3´OH-Gruppen, die als Ansatzstellen für die DNA-abhängige DNA-Polymerase dienen, und ermöglichen damit die Polymerisation des DNA-Abschnitts (Mullis *et al.*, 1986).

Bei der Amplifikation von DNA-Abschnitten, die als Insert für Klonierungen dienten, wurde die AccuPrime™Taq DNA Polymerase (Invitrogen) verwendet. Diese verfügt über eine 3´-5´-Exonukleaseaktivität, die ihr ermöglicht, Fehlpaarungen zu korrigieren und Mutationen während der Amplifikation zu verhindern.

Tabelle III.6: PCR-Ansatz

Reagenz	Finale Konzentration
10X AccuPrime™ PCR Buffer I	1x
Sense Primer	0,4 nM
Anti-sense Primer	0,4 nM
Template DNA	0,2 ng/µl
AccuPrime™ Taq DNA Polymerase	0,025 U/µl
H_2O	ad 25 µl

Tabelle III.7: PCR-Programm
Die Elongationszeit wurde der jeweiligen Fragmentlänge angepasst (60 s pro 1000 bp). Es wurden 34 Zyklen aus Denaturierung, Primer Anlagerung und Elongation durchlaufen.

	Temperatur [°C]	Dauer [sec]	
initiale Denaturierung	94	15	
Denaturierung	94	15	
Primer Anlagerung	60	30	34x
Elongation	68	60/1000 bp	
finale Elongation	72	600	

Um die Proteine später nachweisen zu können, wurden sie in frame mit einem Epitop-Tag kloniert, das von den Primern kodiert wird. Ebenfalls in den Primern kodiert sind die gewählten Restriktions-Schnittstellen. Als Matrize für die Amplifikation dienten ein bereits kloniertes DZIP1L-pCMV-myc-Konstrukt bzw. kommerziell erworbene cDNAs (siehe 2.4.7). Tabelle III.1 gibt einen Überblick über die eingesetzten Primer.

2.1.1.2 Agarose-Gelelektrophorese

Die Größenbestimmung der PCR-Produkte erfolgte auf einem Agarose-Gel. Dazu wurden die PCR-Produkte mit 2x Agarose-Ladepuffer versetzt und auf Agarose-Gele aufgetragen. Durch Anlegen eines elektrischen Feldes wandert die negativ geladene DNA zur Anode. Kleinere Fragmente wandern dabei schneller als größere, wodurch eine Auftrennung nach der Molekülgröße erreicht wird. Um die DNA sichtbar zu machen, wurden die Gele mit Ethidiumbromid, einem interkalierenden Farbstoff, der sich in die Doppelhelix der DNA einlagert und unter UV-Licht (260 nm) fluoresziert, versetzt. Die verwendeten Gele enthielten 1 % Agarose und 0,02 % Ethidiumbromid in 1x TBE, als Laufpuffer wurde ebenfalls TBE benutzt.

2.1.1.3. Gelextraktion

Sollten bei der PCR neben den gewünschten Produkten zusätzlich unspezifische Produkte amplifiziert worden sein, wurden die Banden in der gewünschten Größe aus dem Agarosegel ausgeschnitten und mit Hilfe des QIAqick® Gel Extraction Kits (Qiagen) aufgereinigt. Dabei wurde nach Herstellerangaben verfahren. Eluiert wurde abweichend der Angaben mit 20-25µl Aqua dest..

2.1.1.4 Sequenzierung

Alle für die Transfektion von eukaryotischen Zellen (siehe 2.2.3) verwendeten Plasmide sowie bestimmte Polymerasekettenreaktions (PCR) -Produkte, die nach Standard-Protokollen generiert wurden, wurden mittels Sequenzierung auf ihre Richtigkeit hin überprüft. Um die genaue Basenabfolge zu ermitteln, wurde nach der Kettenabbruchmethode nach Sanger (Sanger *et al.*, 1977) verfahren. Die Sequenzierung der zu untersuchenden DNA wurde entweder bei der Firma Eurofins MWG Operon in Auftrag gegeben oder aber im eigenen Institut durchgeführt. Im Falle der kommerziellen Sequenzierung wurden 200 bis 400 ng der in A. dest. gelösten DNA zusammen mit 10 bis 20 pmol des entsprechenden Primers in einem Eppendorfgefäß bei 50 °C getrocknet und anschließend der Firma zur Durchführung der Sequenzier-PCR und anschließender Analyse zugeschickt. In den Fällen, in denen die Sequenzierung im institutseigenen Labor stattfand, lief die Sequenzier-PCR nach dem Schema in Tabelle III.8 und III.9 ab.

Tabelle III.8: Sequenzier-PCR-Ansatz

Reagenz	10 µl Ansatz
BigDye Terminator v1.1 Ready Reaction Mix	1,5 µl
Primer F (10 µM)	0,5 µl
Primer R (10 µM)	0,5 µl
Template DNA	50 - 500 ng
H_2O	ad 10 µl

Tabelle III.9: Sequenzier-PCR-Programm

	Temperatur [°C]	Dauer [sec]	
initiale Denaturierung	96	60	
Denaturierung	96	10	
Primer Anlagerung	50	5	24x
Elongation	60	240	

Im Anschluss an die Sequenzier-PCR erfolgte die Fällung des PCR-Produktes mit Ethanol und Natriumacetat. Die getrockneten Proben wurden in 20 µl Hi-Di Formamide (Applied

Biosystems) resuspendiert und mit dem ABI Prism 310 oder ABI Prism 3130 (Applied Biosystems) analysiert.

Die Auswertung aller analysierten Proben erfolgte mit Hilfe mit der Sequencing Analysis Software v5.2 von Applied Biosystems und des Basic Local Alignment Search Tool (BLAST) des National Center for Biotechnology Information (NCBI) (http://blast.ncbi.nlm.nih.gov/Blast.cgi).

2.1.2. Klonierung

Die in dieser Arbeit beschriebenen Versuche wurden alle mit markierten Proteinen durchgeführt. Dazu wurden die als Insert bezeichneten DNA-Sequenzen in spezifische Vektoren integriert (siehe 1.7). Diese Vektoren zeichnen sich durch Replikationsursprünge zur Vermehrung, Promotoren zur Expression, Resistenzgene zur Selektion, Restriktionsschnittstellen für die Klonierung und gegebenenfalls Markergene und Fusionstags aus. Die in der Arbeit verwendeten Vektor-Konstrukte sind Tabelle III.10 zu entnehmen.

Tabelle III.10: In dieser Arbeit verwendete Konstrukte mit den zugehörigen Vektoren sowie den für die sticky-end-Ligation benötigten Restriktionsenzyme

Konstrukt-Name	Insert	Vektor	Restriktions-enzyme	Verwendungs-zweck
DZIP1L-myc	DZIP1L	pCMV-myc	*Eco*RI, *Xho*I	weitere Klonierungen
pBT-DZIP1L-myc	DZIP1L	pBT	*Eco*RI, *Xho*I	B2H
EEF1G-HA	EEF1G-HA	pTargeT	/	CoIP, IF
PSAP-HA	PSAP-HA	pTargeT	/	CoIP, IF
NAGK-HA	NAGK-HA	pTargeT	/	CoIP, IF
pT-DZIP1L-myc	DZIP1L-myc	pTargeT	/	CoIP, IF

2.1.2.1 Restriktionsverdau

Vektor und Insert wurden mit Restriktionsendonukleasen behandelt, die spezifisch doppelsträngige DNA erkennen und schneiden. Die jeweiligen Restriktionsbedingungen wurden der Website des Herstellers (NEB) entnommen. Es wurden jeweils 50 µl Ansätze verwendet, in die zwischen 200 – 1000 ng DNA und 5 Units des entsprechenden Enzyms eingesetzt wurden. Die Inkubation erfolgte für 1-2 Stunden bei 37°C. Anschließend erfolgte gegebenenfalls eine 20 minütige Hitzeinaktivierung der Restriktionsenzyme bei 65°C. Der Vektor wurden im Anschluss an den Verdau mittels alkalischer Phosphatase (NEB) dephosphoryliert. Dabei werden die Phosphat-Reste am 5´- Ende der linearisierten Plasmid-DNA abgespalten, um eine Re-Ligation des Vektors zu vermeiden. Dazu wurden zu 5 ng/µl des Vektors je 0,1 U/µl Alkalische Phosphatase und 1x Dephosphorylierungs-Puffer zugegeben und für 60 Minuten bei 37°C im Wasserbad inkubiert. Die Restriktionsansätze wurden im Anschluss mittels QIAquick PCR Purification-Kit (Qiagen) gereinigt und in einem Volumen von 20 µl eluiert und photometrisch bestimmt.

2.1.2.2. Ligation

Je nach verwendetem Vektor wurde bei der Ligation zwischen zwei Arten der sticky end-Ligation unterschieden, der TA-Ligation und der Ligation mittels Restriktionsenzymen. Bei Nutzung des Vektors pTargeT (Promega) wurde die TA-Ligation durchgeführt (siehe Tabelle III.11). In allen anderen Fällen wurden Vektor und Insert zuvor mit Restriktionsendonukleasen behandelt. Über die dadurch geschaffenen komplementären Überhänge konnten Vektor und Insert im Rahmen der Ligation verbunden werden. In die Ligation wurden je etwa 100 ng Vektor mit der entsprechenden Menge Insert im Verhältnis 1:3 nach folgender Formel eingesetzt:

$$ng\ Insert = 3 \times \frac{50ng\ Vektor \times bp_i}{bp_v}$$

Für den Ligationsansatz wurde ein Volumen von 10 µl nach Angaben des Herstellers verwendet. Inkubiert wurde ü. N. bei 4°C.

Tabelle III.11: T4-Ligations-Ansatz

Reagenz	Finale Konzentration
10X T4 DNA Ligase Buffer	1x
Vektor	10 ng/µl
Insert	Siehe Formel
T4 DNA Ligase	0,1 U/µl
H_2O	ad 10 µl

2.1.2.3 Herstellung chemisch kompetenter Zellen

Um Plasmide in Zellen transformieren zu können, müssen diese zunächst kompetent gemacht werden. In dieser Arbeit wurde dazu die Methode mit Calciumchlorid genutzt. Dazu wurden zunächst 100 ml LB-Medium mit den entsprechenden Zellen aus einem Glycerolstock als Vorkultur angeimpft und über Nacht bei 37 °C inkubiert. Am nächsten Tag wurden 400 ml LB-Medium mit 4 ml der Vorkultur beimpft und für 2 Stunden bei 37 °C inkubiert. Danach wurde die Kultur in Zentrifugenröhrchen überführt und für 15 Minuten auf Eis inkubiert. Anschließend erfolgte eine Zentrifugation für 15 Minuten bei 4 °C und 800 x g. Die Pellets wurden in insgesamt 100 ml 100 mM Calciumchlorid resuspendiert und in einem frischen Röhrchen vereinigt. Es folgte erneut eine Inkubation für 60 Minuten auf Eis. Danach wurden die Zellen erneut 15 Minuten bei 4 °C und 800 x g zentrifugiert. Die Pellets wurden in insgesamt 15 ml eines Gemischs aus 100 mM Calciumchlorid und Glycerol resuspendiert und in 250 µl Portionen aliquotiert. Die Aliquots wurden in Flüssigstickstoff schockgefroren und bei -70 °C gelagert.

2.1.2.4 Transformation von *Escherichia coli*

Transformation von Bakterien bezeichnet das Einschleusen von Plasmid-DNA in Bakterienzellen. Dies dient der Vermehrung von Plasmiden. 25 - 50 µl chemisch kompetente Zellen wurden auf Eis aufgetaut und 10 µl eines Ligationsansatzes zu Zellen gegeben. Zunächst wurden die Zellen für 10-30 Minuten auf Eis inkubiert. Dabei lagerte sich das Plasmid von außen an die Bakterienzellwand an. Beim folgenden Hitzeschock für 45 Sekunden bei 42 °C im Wasserbad gelangte das Plasmid durch die nun durchlässige Zellwand ins Innere der Bakterienzelle. Nach weiteren zwei Minuten Inkubation auf Eis wurde der Transformationsansatz mit 500 µl SOC-Medium versetzt und für etwa 60 Minuten bei 37 °C im Inkubator geschüttelt. Nach der Inkubation wurden 100 µl des Transformationsansatzes auf Antibiotika-haltigen LB-Agarplatten ausplattiert. Der restliche Transformationsansatz wurde bei Raumtemperatur (RT) und 13000 rpm 1 min zentrifugiert. Der Überstand wurde bis auf etwa 100 µl verworfen, der Rest des Bakterienpellets anschließend resuspendiert und auf einer weiteren Agarplatte ausplattiert. Die Inkubation der Agarplatten erfolgte ü. N. im Brutschrank bei 37 °C.

2.1.2.5 Screening

Erfolgreich transformierte Bakterien konnten dadurch selektiert werden, dass nur solche Zellen in der Lage waren auf Agarplatten mit dem entsprechenden Antibiotikum zu wachsen, die einen Vektor aufgenommen hatten.

Der pTargeT-Vektor ermöglicht zusätzlich in Kombination mit den *E. coli* TOP10 Zellen eine Blau/Weiß-Selektion. Dazu wird der Genotyp lacZΔM15 des TOP10 Stammes durch eine modifizierte Version der kodierenden Sequenz des α-Peptids der β-Galactosidase auf dem pTargeT Plasmid komplementiert. In Anwesenheit von IPTG und X-Gal bilden Kolonien mit intakter β-Galactosidase unlösliche blaue Indigo Komplexe. Sobald ein Insert in die MCS (multiple cloning site) des Vektors eingebaut wird, wird die kodierende Sequenz für das α-Peptid unterbrochen und keine funktionierende β-Galactosidase mehr gebildet. Diese Kolonien werden somit nicht blau gefärbt.

2.1.2.6 Anlegen von Glycerolstocks

Um Bakterienkulturen für längere Zeit zu lagern, ohne sie permanent in Kultur halten zu müssen, können diese als sogenannte Glycerolstocks bei einer Temperatur von -70°C eingefroren werden. Das Glycerol dient hierbei als Frostschutzmittel, das ein Platzen der Bakterienzellen verhindert. Dazu wurden 850 µl einer Bakterienkultur mit 150 µl autoklaviertem 80%igem Glycerol in einem Reaktionsgefäß versetzt, gut vermischt und sofort bei -70°C eingefroren, um ein Absetzen des Glycerols zu vermeiden. Um die Bakterien wieder in Kultur zu nehmen, wurde entsprechendes Medium aus einem Glycerolstock angeimpft und im Inkubator bei 37°C geschüttelt.

2.1.2.7 Anlegen von Übernachtkulturen

Je nach Verwendung wurden 5 - 500 ml LB-Medium mit einem entsprechenden Antibiotikum zur Selektion versetzt. Mit einer sterilen Pipettenspitze wurde entweder eine Kolonie von einer Agarplatte oder etwas Material aus einem Glycerolstock entnommen und in das Medium gegeben. Die angeimpften Kulturen wurden ü. N. bei 37°C auf einem Schüttler inkubiert.

2.1.3 Plasmid-Isolation

Während der Klonierung sowie zur Transfektion von Säugerzellen wurden isolierte Plasmide benötigt. Um diese zu gewinnen wurde je nach gewünschter Menge eine Minipräparation mit dem GeneJET™ Plasmid Miniprep Kit von Fermentas (St. Leon-Rot), oder eine Midi- oder Maxipräparation mit dem entsprechenden Kit der Firma Qiagen durchgeführt. Die Isolation wurde gemäß den Angaben der Hersteller durchgeführt.

2.2 Zellkulturtechniken

Für die zellkulturtechnischen Experimente wurden COS7-, HEK293- und mIMCD-3 Zelllinien verwendet. Bei COS7-Zellen handelt es sich um Nieren-Fibroblasten grüner Meerkatzen (*Cercopithecus aethiops*), bei HEK293-Zellen um epithelien- und fibroblastenartige humane embryonale Nierenzellen und bei den mIMCD-3-Zellen um Epithelzellen aus murinen renalen Sammelrohren. Sämtliche Schritte der Zellkultur wurden an einer Steril-Arbeitsbank mit sterilen Lösungen durchgeführt. Die Kultivierung der Zelllinien erfolgte in einem befeuchteten Brutschrank bei 37°C unter einer konstanten Begasung mit 5% CO_2. Die Zellen wurden standardmäßig auf 100 x 20 mm Polystyrol Kulturschalen in 10 ml Komplettmedium kultiviert.

2.2.1 Passagieren von Zellen

Beim Erreichen einer Dichte von ca. 95% wurden die Zellen passagiert. Dazu wurde das Medium entfernt und die Zellen nach einmaligem Waschen mit sterilem 1xPBS (Invitrogen) durch eine Inkubation von 2-8 Minuten bei 37°C mit 2-3 ml Trypsin-EDTA (Invitrogen) von der Kulturschale abgelöst. Bei diesem Prozess bindet EDTA das Kalzium im Medium, wodurch die Kalzium-abhängigen Adhäsionsmoleküle (Cadherine) durch das Trypsin angegriffen werden können und die Bindungen der Zellen untereinander und an die Plastikoberfläche gelöst werden. Die schwach-adhärenten Zellen konnten durch einfaches Abspülen von der Kulturschale gelöst werden. Die abgelösten und vereinzelten Zellen wurden je nach Bedarf in einem Verhältnis von 1:2 bis 1:40 in einer neuen Kulturschale variierender Größe in frischem Medium ausgesät.

2.2.2 Einfrieren und Auftauen von Zellen

Zur dauerhaften Aufbewahrung von Zellen, können diese in flüssigem Stickstoff gelagert werden. Bei dem Einfriermedium handelt es sich um DEMEM mit 10 % FBS und 5 % DMSO.

Um Zellen, die in Stickstoff gelagert wurden, in Kultur zunehmen, mussten die Zellen aufgetaut werden. Dazu wurden die Zellen nach der Entnahme aus dem Stickstoff-Tank so schnell wie möglich in Kulturschalen mit Medium gegeben. Die damit erzielte Verdünnung des DMSO wirkte dessen toxischen Effekten bei Raumtemperatur entgegen.

2.2.3 Transfektion

Als Transfektion bezeichnet man den Vorgang des Einschleusens von Fremd-DNA in Zellen. Dabei gibt es verschiedene Arten, die Plasmid-DNA in die Zellen zu bringen. In der vorliegenden Arbeit wurde das System der Lipotransfektion genutzt. Dieses beruht darauf, dass die DNA über ihr negativ geladenes Phosphatrückgrat an die kationischen Liposomen angelagert wird. Dieser Komplex fusioniert mit der ebenfalls negativ geladenen Zellmembran und die Aufnahme der DNA erfolgt vermutlich über Endocytose (Chesnoyand Huang, 2000).

Dazu wurden für die Transfektion für Proteinlysate12 µg Gesamt-DNA mit 1200 ml Opti-MEM (Invitrogen) und 25 µl Roti-Fect (Carl Roth) gemischt und nach einer Stunde Inkubation bei RT auf die Zellen gegeben. Bei einer Cotransfektion, d. h. dem zeitgleichen Einschleusen von zwei oder mehr Plasmiden, wurde die Gesamt-DNA-Menge zu gleichen Teilen aus den verwendeten Plasmiden gebildet.

Die Zellen wurden daraufhin für 24-48 Stunden im Brutschrank inkubiert und danach zur Protein-Gewinnung lysiert (siehe 2.3.1).

Für die Transfektion von Zellen für die Immunfluoreszenz wurden je Reaktionsansatz 500 ng DNA, 50 µl Opti-MEM und 1,5 µl Lipofectamine™ LTX (Invitrogen) verwendet. Die Zellen wurden für 24 Stunden im Brutschrank inkubiert bevor sie wie in Abschnitt 2.3.7 beschrieben für die Immunfluoreszenz weiterverarbeitet wurden.

2.3 Proteinbiochemische Methoden

2.3.1 Proteinextraktion aus eukaryotischen Zellen

Zur Lyse von eukaryotischen Zellen wurde das Medium der kultivierten Zellen auf Eis abgesaugt und die Zellen 2x mit kaltem 1x PBS gewaschen. Darauf folgten 15 Minuten Inkubation mit gekühltem Lysepuffer mit Protease-Inhibitor-Mix auf Eis. Für eine 100 mm Zellkulturschale wurden 300 µl, für eine 60 mm Kulturschale 100 µl Lysepuffer verwendet. Danach wurden die Zellen mechanisch mit einem Gummi-Zellschaber gelöst, mit einer Pipette vereinzelt und in ein 1,5 ml Reaktionsgefäß überführt. Nach weiteren 15 Minuten Inkubation auf Eis wurde das Lysat für 10 Minuten bei 4°C und 13.000 rpm zentrifugiert. Der Überstand wurde in ein frisches Reaktionsgefäß überführt, das Pellet verworfen. Die Lagerung der Lysate erfolgte bei -70°C.

Für die Analyse mittels SDS-Page (siehe 2.3.3) und anschließendem Western Blot (siehe 2.3.4), wurde ein Teil der Lysate 1:1 mit 2x-Probenpuffer versetzt und für 5 Minuten bei 95°C im Heizblock denaturiert.

2.3.2 Bestimmung der Protein-Konzentration

Die Bestimmung der Gesamtkonzentration eines Protein-Lysats erfolgte nach Methode nach Bradford mittels Bio-Rad-Protein Assay (Bio-Rad). Dabei wird die Eigenschaft einer sauren Lösung von Coomassie Brilliant Blue G-250, bei Bindung an Proteine ihr Absorptionsmaximum von 465 nm auf 595 nm zu verschieben, genutzt. Anhand der Zunahme der Absorption lässt sich auf die Proteinkonzentration in der Lösung schließen (Bradford, 1976). Für die Messung wurden 200 µl des Bio-Rad-Protein Assay (Bio-Rad) mit 800 µl 1xPBS verdünnt und mit 3 µl des Protein-Lysats versetzt. Nach anschließendem Vortexen erfolgte die photometrische Konzentrationsbestimmung.

2.3.3 SDS-Polyacrylamid-Gelelektrophorese (SDS-PAGE)

Zur elektrophoretischen Auftrennung von Proteinen unter denaturierenden Bedingungen wurden diskontinuierliche SDS-Polyacrylamid-Gele nach Laemmli (1970) verwendet, bei der mit einem diskontinuierlichen System aus zwei Gelen, einem Trenngel (unten) und einem Sammelgel (oben) gearbeitet wird. Die beiden Gele unterscheiden sich hinsichtlich ihres pH-Werts, der Ionenstärke und ihres Vernetzungsgrads. Das Sammelgel dient zur Konzentrierung der Proben, die dann anschließend im Trenngel ihrer molekularen Größe nach aufgetrennt werden. Die Elektrophorese erfolgte in einer Mini-Protean II Zelle (Biorad) nach Herstellerangaben.

Tabelle III.12: Zusammensetzung der SDS-Gele

	Trenngel (10 %)	Sammelgel
Acrylamid	2,5 ml	0,2 ml
Trenngel-Puffer	0,6 ml	
Sammelgel-Puffer		0,375 ml
Wasser	4,25 ml	0,95 ml
APS	22,5 µl	4 µl
TEMED	4,5 µl	1,5 µl

Vor dem Auftragen auf das SDS-Gel wurden die Proben mit 2 x Laemmlipuffer versetzt und für 5 Minuten bei 95°C aufgekocht. Um die Größe der Proteine abschätzen zu können, wurde zusätzlich ein Größenstandard (Fermentas) aufgetragen.

2.3.4 Western Blot

Den Transfer von Proteinen aus einer Gelmatrix auf eine Trägermembran über ein elektrisches Feld bezeichnet man als Western Blot (Burnette, 1981). Die Proteine werden dadurch immobilisiert und stehen für weitere Versuche, z.B. deren immunologischen Nachweis (siehe 2.3.5) zur Verfügung. In der vorliegenden Arbeit wurde das Semidry-Blotsytem Fastblot B34 der Firma Biometra verwendet.

Geblottet wurde unter Verwendung eines diskontinuierlichen Puffersystems auf eine Nitrozellulose-Membran, deren Größe den Maßen des Gels entsprach (5 x 6 cm). Dazu wurden die Membran und zwei Lagen Whatman-Papier zuerst für mindestens 5 Minuten in Anodenpuffer II inkubiert, je 5 Lagen Whatman-Papier der entsprechenden Größe wurden in Anodenpuffer I bzw. Kathodenpuffer getränkt. Es erfolgte die Schichtung der einzelnen Komponenten nach Herstellerangaben, wobei darauf geachtet wurde, dass sich keine Luftblasen zwischen den einzelnen Schichten bildeten. Anschließend wurde die Blotkammer mit einem Gewicht beschwert. Der Transfer verlief bei einer Spannung von 150 mA pro Membran über 45 Minuten bei Raumtemperatur. Nach dem Transfer wurden die Proteine auf der Nitrozellulose mit Ponceau S reversibel angefärbt, um den Proteintransfer zu bestätigen.

2.3.5 Immundetektion

Unter einer immunologischen Detektion versteht man den spezifischen Nachweis von Proteinen mittels Antikörpern. Ein primärer Antikörper erkennt dabei eine spezifische Peptidsequenz und bindet diese. Ein sekundärer Antikörper wiederum erkennt in Abhängigkeit von der Spezies den primären Antikörper. Dieser sekundäre Antikörper ist in der vorliegenden Arbeit mit einem Enzym namens Horseradish Peroxidase (HRP) gekoppelt, welches eine Reaktion katalysiert, durch die es letztendlich zu einer Emission von Licht kommt (Chemilumineszenz).

Die Detektion der Chemilumineszenz erfolgt durch das Auflegen eines Röntgenfilms. Dazu wurden zunächst freie Bindestellen auf der Membran mit 5 % Milchpulver in Waschpuffer geblockt, bevor die Membran mit Verdünnungen verschiedener Antiseren in Waschpuffer behandelt wurde. Die Inkubation mit dem primären Antikörper erfolgte ü. N. bei 4°C auf einem Schüttler in einem Volumen von 10 ml Waschpuffer. Zusätzlich wurden die verdünnten primären Antikörper mit 0,09% Natrium-Azid versetzt, um ihre Haltbarkeit für den mehrmaligen (bis zu 5x) Gebrauch zu verbessern. Nach Entfernen des primären Antikörpers und dreimaligem kurzen Waschen mit Waschpuffer wurde die Membran für 60 Minuten mit dem sekundären Antikörper in 10 ml Waschpuffer bei RT geschüttelt. Es folgten 3 Waschschritte für je 5 Minuten bei RT und unter Schütteln. Die Konzentrationen der in der Immundetektion verwendeten Antikörper sind der Tabelle III.13 zu entnehmen. Nach Abschütten der Waschlösung wurde die Membran mit einem Volumen von 1 ml selbst hergestellter Chemilumineszenz-Lösung für 1 Minute beträufelt und anschließend zwischen zwei Plastikfolien gebracht, wobei der Großteil der Flüssigkeit durch Herauspressen entfernt wurde. Anschließend erfolgte die Detektion durch Belichtung eines Röntgenfilms mit verschiedenen Belichtungszeiten von 5 Sekunden bis 15 Minuten. Im Anschluss wurde der Film in einer Entwicklungsmaschine (Protec) automatisch entwickelt. Bei Bedarf wurden die Primär- und Sekundärantikörper danach mit einer sogenannten Stripping Lösung (Millipore) wieder von der Membran abgelöst. So konnte die Membran erneut geblockt und mit neuen Antikörpern inkubiert werden.

Tabelle III.13: Zur Immundetektion im Western Blot verwendete Primär- und Sekundärantikörper

Antikörper	Spezies	Konzentration	Verdünnung
Anti-HA	Kaninchen	1 µg/µl	1:3000
Anti-myc	Kaninchen	0,4 µg/µl	1:500
Anti-EEF1G	Kaninchen	0,2 µg/µl	1:3000
Anti-NAGK	Kaninchen	1 µg/µl	1:3000
Anti-PSAP	Kaninchen	0,5 µg/µl	1:3000
Anti-HA	Maus	2 µg/µl	1:1000
Anti-myc	Maus	0,4 µg/µl	1:2000
Anti-mouse Immunoglobulin/HRP	Ziege	1 µg/µl	1:3000
Anti-rabbit Immunoglobulin/HRP	Ziege	0,25 µg/µl	1:3000

2.3.6 Koimmunopräzipitation (CoIP)

Die Koimmunopräzipitation (CoIP) ist eine Methode zur Untersuchung von Protein-Protein-Interaktionen. Dabei werden Zielproteine in einem Gesamtzelllysat durch spezifische

Antikörper gebunden und können so über Protein G-gekoppelte Sepharose-Beads isoliert werden. Neben den Zielproteinen werden unter möglichst physiologischen Bedingungen außerdem auch Proteine mit präzipitiert, die an das Zielprotein binden. Eine gemeinsame Präzipitation von zwei Proteinen ist also ein Hinweis darauf, dass sie interagieren.

Nach der Cotransfektion der beiden für die zu untersuchenden Proteine codierenden Plasmide, wurden die Zellen lysiert (siehe 2.3.1). Je Experiment wurden 20 µl des Gesamtzelllysats als Expressionskontrolle entnommen. Der Rest wurde auf drei Eppendorfgefäße verteilt, in denen eine Vorinkubation des Zelllysats mit den entsprechenden Antikörpern für 4 bis 6 Stunden bei 4°C im Überkopfschüttler erfolgte. Dazu wurde ein Aliquot des Zelllysats mit einem Antikörper gegen Protein X, eins mit Antikörpern gegen Protein Y und das dritte mit unspezifischen IgGs aus Maus-Serum (Sigma-Aldrich) inkubiert (siehe Tab III.14). Bei dem dritten Ansatz handelt es sich um eine Negativkontrolle, um die unspezifische Bindung von Proteinen an die Sepharose zu überprüfen.

Tabelle III.14: Für die CoIP verwendete Antikörper

Antikörper	Spezies	Konzentration	eingesetzte Menge je CoIP-Ansatz
Anti-HA	Maus	5-7 µg/µl	0,5 µl
Anti-myc	Maus	0,4 µg/µl	2,5 µl
Serum-IgG	Maus	7,2 µg/µl	0,5 µl

In der Zwischenzeit wurden je 35 µl eines Gemischs aus Protein G Sepharose 4 Fast Flow (Amersham) und 20%igem Ethanol im Verhältnis 1:1 vorgelegt und zwei Mal mit 1x PBS gewaschen, wobei die Sepharose jeweils für 1 Minute bei 2000 rpm bei Raumtemperatur zentrifugiert wurde. Im Anschluss wurden die Antikörper/Protein-Lösungen in die Reaktionsgefäße mit der Sepharose überführt.

Nach einer weiteren Inkubation bei 4°C im Überkopfschüttler, wahlweise für 2-4 Stunden oder ü. N., wurde nach einer Zentrifugation bei Raumtemperatur für eine Minute bei 2000 rpm der Überstand entfernt. Anschließend folgte ein dreimaliges Waschen mit je 1 ml 1x PBS bzw. Lipid Raft-Puffer. Die Elution erfolgte durch Aufkochen der Sepharose-Beads in 35 µl 2x Probenpuffer für 5 Minuten bei 95°C. Abschließend wurde der Überstand nach 2 Minuten Zentrifugation bei 8000 rpm in frische Reaktionsgefäße überführt und bis zur weiteren Verwendung in der SDS-PAGE (2.3.3) bei -70°C eingefroren.

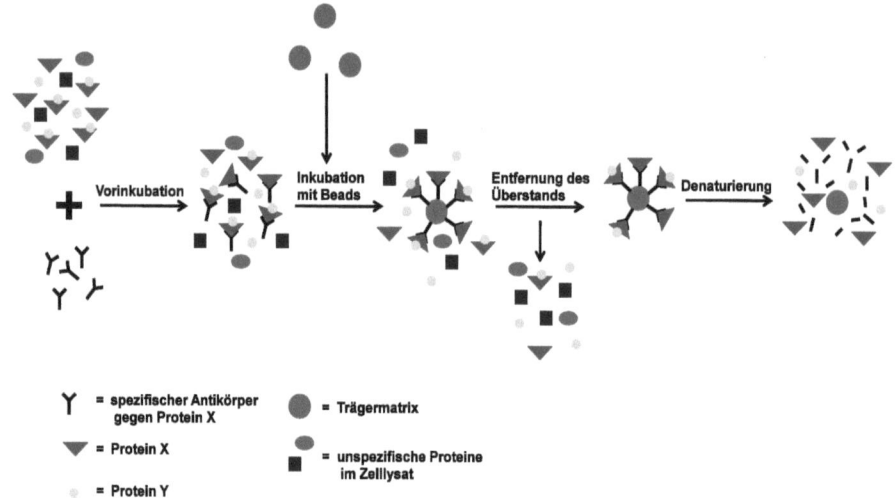

Abbildung III.7: Schematische Darstellung der CoIP
Bei der Inkubation von Zelllysat mit spezifischen gegen Protein X gerichteten Antikörpern kommt es zur indirekten Bindung von Protein Y über Protein X. Dieser Protein-Protein-Komplex wird über den Antikörper an die Trägermatrix gebunden. Durch stringentes Waschen werden unspezifische Proteine entfernt. Eine anschließende Denaturierung löst die Bindungen zwischen den Proteinen und dem Antikörper wieder.

2.3.7 Immunfluoreszenz

Bei der Immunfluoreszenz werden Proteine direkt in fixierten Zellen nachgewiesen, so dass eine Aussage über die intrazelluläre Lokalisation des entsprechenden Proteins getroffen werden kann.

Dazu wurde jedes Well einer 24-Well Platte mit je einem autoklavierten Deckgläschen bestückt, mit 1 ml DMEM-Medium überschichtet und die Zellen darin ausgesät. Bei einer Konfluenz von 80 bis 95 % wurden die Zellen transfiziert (siehe 2.2.3). Nach 24 bis 48 Stunden wurden die auf den Deckgläschen kultivierten und transfizierten Zellen zwei Mal mit 1x PBS gewaschen und anschließend mit eiskaltem Methanol (absolut, bei -20°C gelagert) für 10 Minuten bei 4°C fixiert. Nach erneutem, zweimaligem Waschen wurden die Zellen für 30 Minuten bei Raumtemperatur mit 1 % BSA geblockt, um unspezifische Bindungen der Antikörper zu reduzieren. Die Inkubation mit den Primärantikörpern erfolgte für 1 Stunde bei Raumtemperatur in einer Schale mit hoher Luftfeuchtigkeit, um ein

Austrocknen der Deckgläser zu verhindern. Dafür wurde der jeweilige Antikörper in einem Volumen von 20 µl auf eine Plastikfolie aufgebracht und das Deckglas mit der Zellseite nach unten aufgelegt. Um nicht gebundene Primärantikörper zu entfernen, folgten drei Waschschritte. Danach wurden die Deckgläschen auf die gleiche Art mit den fluoreszenzmarkierten Sekundärantikörpern für 1 Stunde bei Raumtemperatur inkubiert. Diese Inkubation erfolgte im Dunkeln, damit die Fluorophore der Antikörper vor dem Ausbleichen geschützt werden. Die Konzentrationen der in der Immunfluoreszenz verwendeten Primär- und Sekundärantikörper sind Tabelle III.15 zu entnehmen.

Tabelle III.15: Für die Immunfluoreszenz verwendete Primär- und Sekundärantikörper

Antikörper	Spezies	Konzentration	Verdünnung
Anti-HA	Maus	5-7 µg/µl	1:400
Anti-HA	Kaninchen	1 µg/µl	1:400
Anti-myc	Maus	0,4 µg/µl	1:400
Anti-myc	Kaninchen	0,4 µg/µl	1:400
Anti-EEF1G	Kaninchen	0,2 µg/µl	1:600
Anti-NAGK	Kaninchen	1 µg/µl	1:500
Anti-PSAP	Kaninchen	0,5 µg/µl	1:600
Anti-TTC19	Kaninchen	7 µg/µl	1:400
Anti-MYH9	Kaninchen	0,4 µg/µl	1:500
AlexaFluor488 anti-Maus	Ziege	2 µg/µl	1:300
AlexaFluor488 anti-Kaninchen	Ziege	2 µg/µl	1:300
AlexaFluor568 anti-Maus	Ziege	2 µg/µl	1:300
AlexaFluor555 anti-Kaninchen	Ziege	2 µg/µl	1:300
AlexaFluor555 anti-Maus	Esel	2 µg/µl	1:800
AlexaFluor555 anti-Kaninchen	Esel	2 µg/µl	1:800

Abschließend wurden die Zellen jeweils kurz in 1x PBS und A. dest. gewaschen bevor sie in einem Volumen von 7 µl Mowiol-Eindeckmedium mit 0,5 µg/ml DAPI auf einem Objektträger fixiert wurden. Die Objektträger trockneten für 30 Minuten bei Raumtemperatur im Dunkeln, die anschließende Lagerung erfolgte im Dunkeln bei 4°C.

Anschließend konnten die Zellen unter dem inversen Fluoreszenzmikroskop Axio Observer.Z1 (Carl Zeiss) betrachtet und mit der AxioVision Software aufgenommen werden.

2.4 Suche nach Interaktionspartnern mit dem BacterioMatchII-Two Hybrid-System

Das BacterioMatchII-Two Hybrid-System der Firma Stratagene bietet ein Screening-Verfahren zur Untersuchung von Protein-Protein Interaktionen. Dazu wird das Protein, das als Bait dienen soll, in-frame mit dem lambda cI-Protein in den Vektor pBT kloniert. So wird das Bait Protein in Fusion mit dem lambda cI-Protein exprimiert. Ein Target Protein oder eine cDNA Bibliothek werden so in den Vektor pTRG kloniert, dass es in Fusion mit der RNA Polymerase alpha Untereinheit exprimiert wird. Die beiden rekombinanten Plasmide werden nun in den Reporterstamm transformiert und dort co-exprimiert. Der Reporterstamm des BacteriomatchII-Two Hybrid Systems zeichnet sich durch eine hohe Transformationseffizienz aus. Weiterhin trägt er das *lacI^q*-Gen, welches die Expression von Köder- und Zielprotein in Abwesenheit von IPTG hemmt. Durch eine HisB-Mutation ist der Reporterstamm nicht in der Lage auf Minimalmedium ohne Histidin zu wachsen, im Gegensatz dazu erlaubt das HIS3-Gen Wachstum auf Medium mit 3-Amino-1,2,4-triazol. Das aadA-Gen verleiht Resistenz gegenüber Streptomycin. Außerdem besitzt der Reporterstamm einen modifizierten lac-Promotor, der nicht durch IPTG induzierbar ist.

Das Bait Protein wird über das lambda cI-Protein an den lambda Operator gebunden, der upstream vom lacZ Promotor liegt. Sind Bait und Target Interaktionspartner, stabilisieren sie die Bindung der RNA-Polymerase an den lacZ Promotor. So werden die HIS3-Gene und das Streptomycinresistenzgen exprimiert und die Zellen können auf Minimalmedium wachsen. Es kommt allerdings auch ohne eine Interaktion von Bait und Target zu einer leichten Expression der beiden Gene, da der Promotor nicht vollständig dicht ist. Um diese von einer Expression nach Interaktion unterscheiden zu können, wird 3-Amino-1,2,4-triazol (3-AT) eingesetzt. 3-AT wirkt als kompetitiver Inhibitor des HIS3-Genprodukts. Selbst wenn aufgrund des undichten Promotors auch ohne Interaktion etwas HIS3-Genprodukt entsteht, ist es so wenig, dass es durch 3-AT komplett inhibiert wird. Erst bei einer Interaktion wird soviel HIS3-Genprodukt gebildet, dass die Inhibierung überwunden wird und Zellen auf Minimalmedium wachsen können. Als positiv Kontrolle dienen die Plasmide pBT-LGF2 und pTRG-Gal11p. Sie exprimieren die Dimerisierungsdomäne des Transkriptionsaktivators Gal4 aus der Hefe und Gal11p, die nachgewiesener Weise in *E. coli* interagieren.

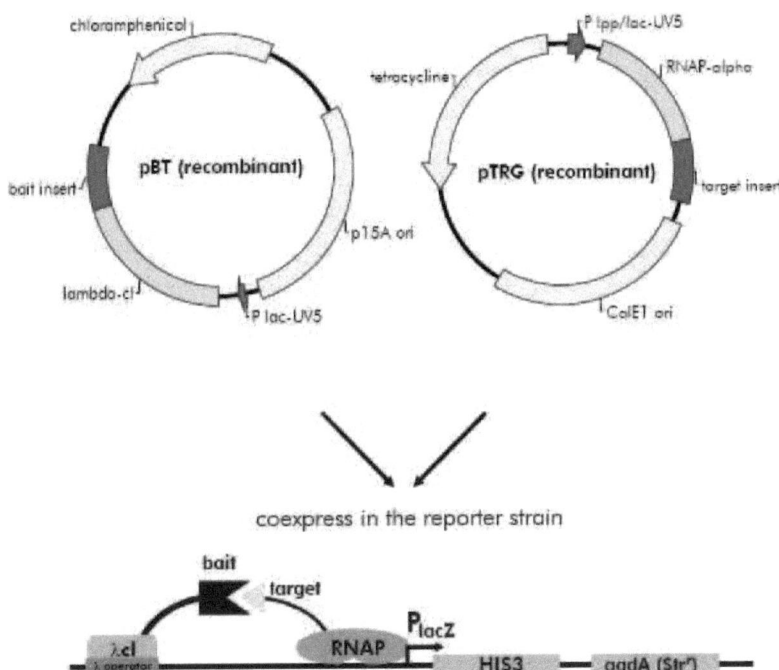

Abbildung III.8: Prinzip des BacterioMatchII Two-Hybrid Systems
Die schematische Darstellung wurde aus dem Handbuch des Herstellers (Agilent Technologies, Böblingen, D) übernommen. Gezeigt werden der Bait-Vektor (pBT) und der Target-Vektor (pTRG). Unten ist die Reporterkasette dargestellt, die sich im F-Episom des *E. coli* Reporterstammes befindet. Lambda-cl ist der Lambdarepressor, RNAP die RNA-Polymerase. HIS3 kodiert ein Enzym, das zur Synthese von Histidin benötigt wird, aadA verleiht Streptomycinresistenz.

2.4.1 Klonierung von DZIP1L-myc in den Vektor pBT

Das BacterioMatchII-Two-Hybrid-System von Stratagene (Amsterdam) wurde zur Suche von DZIP1L Interaktionspartnern benutzt. Dazu wurden zunächst der dephosphorylierte

Vektor pBT und ein PCR Produkt, das für das DZIP1L-myc Protein kodiert mit *EcoRI* und *XhoI* geschnitten (siehe 2.1.2.1). So konnte DZIP1L-myc mittels Ligation (siehe 2.1.2.2) in die MCS des Bait-Vektors eingefügt werden. Anschließend wurde das pBT-DZIP1L-myc Plasmid in *E. coli* JM109 Zellen transformiert. Diese haben dieselben Eigenschaften wie die vom Hersteller empfohlenen XL1-Blue MRF´-Zellen und wurden verwendet, da sie bereits als kompetente Zellen vorlagen. Nach der Plasmidisolation (siehe 2.1.3) konnte die Integration mittels Testverdau und Sequenzierung (siehe 2.1.1.4) überprüft werden. Durch die Integration wurde die DNA von DZIP1L-myc mit dem λ-Repressor fusioniert.

2.4.2 Nachweis des lambda-cI-DZIP1L-Fusionsproteins

Um die Expression des Fusionsproteins in *E. coli* mittels Western Blot nachzuweisen, wurde das pBT-DZIP1L-myc Plasmid in die vom Hersteller mitgelieferten „Validation reporter competent cells" transformiert. Die Zellen wurden in 2 ml $M9^+$-His-dropout Medium mit 25 µg/ml Chloramphenicol angeimpft und die Proteinexpression mit 1 mM IPTG induziert. Je 20 µl der Flüssigkultur wurden vor und 4 Stunden nach der Induktion entnommen und mit 2x Probenpuffer (Laemmli, 1970) 5 Minuten bei 95 °C aufgekocht. Anschließend wurden die Proteine auf einem 10 %igem Gel mittels SDS-PAGE (siehe 2.2.3) aufgetrennt und anschließend mittels Western Blot (siehe 2.2.4) auf eine Nitrozellulose-Membran geblottet und mit Milchpulver geblockt.

Um die Proteine anhand des myc-tags nachzuweisen, folgte eine Inkubation ü. N. bei 4 °C mit einem Anti-myc Maus Antikörper (Roche). Anschließend wurde 3 x 5 Minuten mit TBST gewaschen und mit dem Zweitantikörper (Peroxidase- gekoppelter Ziege-anti-Maus-Antikörper) für 30 Minuten bei Raumtemperatur inkubiert. Nach wiederholtem Waschen erfolgte die Detektion des Zweitantikörpers mit selbst hergestellter Chemilumineszenz-Lösung.

2.4.3 Ausschluss der Autoaktivierung

Um verlässliche Ergebnisse bei der Interaktionspartnersuche zu erlangen, musste zunächst ausgeschlossen werden, dass das pBT-DZIP1L-myc Plasmid auch ohne Interaktionspartner in der Lage ist ein Wachstum auf Minimal-Medium zu ermöglichen. Dazu wurde das pBT-DZIP1L-myc Plasmid zusammen mit einem leeren pTRG Vektor in den Validierungsstamm transformiert (siehe 2.1.2.3). Anschließend wurden die Zellen auf selektiven und nicht selektiven Screening-Platten ausplattiert und für 24 Stunden im

Brutschrank bei 37°C inkubiert. Danach erfolgte eine weitere Inkubation für 16 Stunden bei Raumtemperatur in Dunkelheit. Diese zweite Inkubation erlaubt auch Zellen, die toxische Proteine oder schwache Interaktionspartner enthalten, ein Wachstum. Nun musste die Anzahl der Kolonien auf der selektiven Platte mit denen auf der nicht selektiven Platte verglichen werden. Nur wenn die Anzahl der Kolonien auf der selektiven Platte weniger als 1 % derer auf der nicht selektiven Platte ausmacht, kann eine Autoaktivierung ausgeschlossen und das Konstrukt für die Interaktionspartnersuche genutzt werden.

Die Cotransformation der Plasmide pBT-LGF2 und pTRG-Gal11p diente als Positivkontrolle für die Transformation und die Zusammensetzung des Mediums. pBT-LGF2 kodiert das Fusionsprotein lambda-cI-Gal4 und pTRG-Gal11p ein Fusionsprotein aus der α-Untereinheit der RNA-Polymerase und 90 AS des Proteins Gal11p. Es ist bekannt, dass Gal4 und Gal11p in *E. coli* interagieren. Somit ist hier mit einer Aktivierung der Reportergene durch die Interaktion der Fusionsproteine zu rechnen. Als Negativkontrolle für die korrekte Zusammensetzung des Mediums diente die Cotransformation von pBT ohne Insert mit pTRG-Gal11p. Da in diesem Fall kein Interaktionspartner vorhanden ist, ist keine Aktivierung der Reportergene zu erwarten.

Um die Autoaktivierung von pTRG Plasmiden auszuschließen, wurde in gleicher Weise verfahren, nur statt des leeren pTRG Plasmids wurde ein leeres pBT Plasmid eingesetzt.

2.4.4 Durchführung der Interaktionspartnersuche

Die Interaktionspartner wurden in einer humanen fetalen Nieren cDNA-Bibliothek gesucht. Diese wurde aus Nierengewebe von fünf männlichen Feten im Alter von 17-28 Wochen durch die Firma Stratagene hergestellt und in den Target-Vektor pTRG kloniert.

Zunächst musste die gekaufte cDNA-Bibliothek amplifiziert werden. Dazu wurde der komplette Glycerolstock auf Eis aufgetaut und anschließend auf LB-Platten mit Tetracyclin ausplattiert. Nach einem Wachstum für 24 Stunden bei 30°C wurden die Zellen von den Platten abgeschabt und die Plasmide isoliert.

Für das Screening wurden 500 µl des Screening-Stamms mit 8,5 µl β-Mercaptoethanol versetzt und 10 Minuten auf Eis inkubiert. Daraufhin wurden 200 ng pBT-DZIP1L-myc und 200 ng cDNA-Bibliothek zu den Zellen gegeben und erneut 30 Minuten auf Eis inkubiert. Anschließend folgte ein Hitzeschock für 55 Sekunden bei 42°C im Wasserbad. Nach weiteren 2 Minuten auf Eis wurden die Zellen mit 2,5 ml vorgewärmten SOC Medium versetzt und in ein 50 ml Reaktionsgefäß überführt. Dieses wurde für 90 Minuten bei 37°C inkubiert. Danach wurden die Zellen drei Mal für 10 Minuten bei 2000 x g zentrifugiert und mit M9⁺-His-dropout-Medium gewaschen. Nach dem letzten Zentrifugationsschritt erfolgten eine Resuspension der Zellen in 1,5 ml M9⁺-His-dropout-Medium und eine weitere Inkubation für 2 Stunden bei 37 °C. Danach wurden je 100 µl der Zellen, einer 1:10 Verdünnung und einer 1:100 Verdünnung auf nicht selektive Platten ausplattiert. Desweiteren wurden je 300 µl auf drei selektive Platten ausplattiert. Die Platten wurden zunächst für 24 Stunden im Brutschrank bei 37 °C, und anschließend für 16 Stunden bei Raumtemperatur in Dunkelheit inkubiert.

Die nach den Inkubationen auf den selektiven Platten gewachsenen Kolonien wurden auf neue selektive Platten übertragen und erneut bei 37 °C inkubiert. Nach weiteren 24 Stunden erfolgte erneut eine Übertragung der gewachsenen Kolonien jeweils auf doppelt selektive Platten und auf Agarplatten mit Tetracyclin und Chloramphenicol. Nur die Kolonien, die auf den doppelt selektiven Platten wachsen, enthalten potentielle Interaktionspartner. Die Tetracyclin/Chloramphenicol-Platten dienen als Quelle für weitere Analysen der potentiellen Interaktionspartner.

2.4.5 Isolierung des pTRG Plasmids

Um die potentiellen Interaktionspartner weiter untersuchen zu können, musste das jeweilige pTRG Plasmid isoliert werden. Dazu wurde zunächst die jeweilige Kolonie von der Tetracyclin/Chloramphenicol Platte in 2 ml LB-Medium mit Tetracyclin angeimpft und ü. N. bei 30 °C inkubiert. Anschließend erfolgte eine Plasmid Mini-Präparation (siehe 2.1.3). Die so isolierten Plasmide wurden nun in JM109-Zellen transformiert. Diese Zellen tragen wie der vom Hersteller empfohlene *E. coli* Stamm XL1-Blue MRF′ Kan das $lacI^q$-Gen, aber kein Tetracyclinresistenzgen und waren somit für diese Experimente geeignet. Die Zellen wurden auf LB-Medium mit Tetracyclin aber ohne Chloramphenicol ausplattiert und bis zu 30 Stunden bei 30 °C inkubiert. Damit blieb der Selektionsdruck durch Tetracyclin erhalten und die Zellen mussten das pTRG-Plasmid behalten, um auf dem Medium wachsen zu können. Dadurch, dass der Selektionsdruck durch Chloramphenicol entfiel, wurde das pBT-Plasmid nicht mehr gebraucht und abgegeben. Die gewachsenen Kolonien wurden jeweils auf eine Platte mit Chloramphenicol und eine Platte mit Tetracyclin überführt. Nur die Kolonien, die Tetracyclin resistent aber Chloramphenicol sensitiv sind, beinhalten nur das pTRG Plasmid. Diese wurden in 8 ml LB-Medium mit Tetracyclin angeimpft und ü. N. bei 30 °C inkubiert. Anschließend erfolgte erneut eine Plasmid Mini-Präparation.

2.4.6 Bestätigung der Interaktion

Um die potentielle Interaktion zu bestätigen, mussten pBT-DZIP1L-myc und das isolierte pTRG Plasmid erneut ko-transformiert werden. Dazu wurden 100 µl des Validierungsstamms mit 1,7 µl β-Mercaptoethanol versetzt, in 14 ml Tubes überführt und für 10 Minuten auf Eis inkubiert. Anschließend wurden je 50 ng pBT-DZIP1l-myc und pTRG zugegeben und erneut 30 Minuten auf Eis inkubiert. Anschließend erfolgte ein Hitzeschock für 45 Sekunden bei 42°C im Wasserbad. Nach erneuter zweiminütiger Inkubation auf Eis wurden 0,9 ml vorgewärmtes SOC Medium dazugegeben und für 90 Minuten bei 37°C inkubiert. Danach wurden die Zellen zwei Mal für 10 Minuten bei 2000 x g zentrifugiert und mit 1 ml M9$^+$-His-dropout-Medium gewaschen. Nach dem letzten Zentrifugationsschritt erfolgten eine Resuspension der Zellen in 1 ml M9$^+$-His-dropout-Medium und eine weitere Inkubation für 2 Stunden bei 37°C. Anschließend wurden je 4 µl der Zellen auf selektive und nicht selektive Platten gespotted. Die nicht selektiven Platten dienten zur Kontrolle der Transformationseffizienz, Wachstum auf den selektiven Platten zeigte die Aktivierung der Transkription der Reportergene.

Waren nach 24-stündiger Inkubation Zellen auf der selektiven Platte angewachsen, handelte es sich bei dem vom pTRG Plasmid kodierte Protein um einen potentiellen Interaktionspartner. Auch bei diesen musste eine Selbstaktivierung ausgeschlossen werden (siehe 2.4.3).

2.4.7 Identifikation der potentiellen Interaktionspartner

Die gefundenen cDNAs wurden mittels PCR amplifiziert, um sie durch Sequenzierung identifizieren zu können (siehe 2.1.1.4). Dazu wurden die von Stratagene vorgegebenen Primer pTRG-forward und pTRG-reverse verwendet. Die DNA-Sequenzen wurden mit Hilfe des Basic Local Alignment Search Tool (BLAST) des National Center for Biotechnology Information (NCBI) alignet, um so die zugehörigen Proteine identifizieren zu können. Nur cDNAs, die für einen offenen Leserahmen mit mehr als 20 Aminosäuren kodierten, wurden weiter untersucht.

2.4.8 Klonierung der Interaktionspartner in pTargeT

Für weitere Experimente wurde der offene Leserahmen der humanen Interaktionspartner in voller Länge in den Expressionsvektor pTargeT integriert und dabei mit einem N-terminalen HA-tag versehen. Dazu wurden folgende cDNA-Klone gekauft:

EEF1G (IRAUp969E0458D, Imagenes)
NAGK (IRAUp969D0910D, Imagenes)
PSAP (IRAUp969F0747D, Imagenes)

Die Sequenzen der potentiellen Interaktionspartner wurden mit spezifischen PCR-Primern amplifiziert (siehe 2.1.1.1) und mittels TA-Ligation (siehe 2.1.2.2) in den Vektor kloniert.

IV Ergebnisse

1 Suche nach nierenspezifischen Interaktionspartnern von DZIP1L mit dem BacterioMatchII-Two Hybrid-System

Um Interaktionspartner von DZIP1L zu identifizieren, die während der Nierenentwicklung eine Rolle spielen, wurde das BacterioMatchII-Two Hybrid System von Agilent Technologies genutzt. In diesem System gibt es zwei Hybridproteine, die gemeinsam in der Lage sind, die Transkription von Reportergenen zu aktivieren, wenn zwischen ihnen eine Protein-Protein-Interaktion stattfindet.

Das Köderprotein DZIP1L, für welches Interaktionspartner gesucht werden sollte, wurde in den pBT-Vektor kloniert. Dabei wurde es mit einem myc-Tag versehen, da es bislang keine kommerziell erhältlichen primären Antikörper gegen DZIP1L gibt. Potentielle Interaktionspartner, die in einer humanen fetalen cDNA-Bibliothek gesucht wurden, waren in den pTRG-Vektor kloniert. Diese cDNA Bibliothek enthält ca. $1,5 \times 10^6$ potentielle Klone, wobei die durchschnittliche Größe des Insert bei 1,39 kb liegt. Die beiden rekombinanten Plasmide wurden in den Reporterstamm transformiert und dort co-exprimiert. Die Selektion der Klone, in denen eine Interaktion zwischen dem Köderprotein DZIP1L-myc und einem Zielprotein aus der Nierenbibliothek stattfindet, beruht auf der Aktivierung von Reportergenen (siehe Abbildung 2.2). Wenn das mit dem lambda-cI-Repressor fusionierte DZIP1L-myc mit einem Protein der cDNA-Bibliothek interagiert, das seinerseits mit der alpha-Untereinheit der RNA-Polymerase fusioniert ist, kann die RNA-Polymerase an den Promotor binden und die Transkription der Reportergene starten.

1.1 Klonierung von DZIP1L-myc in pBT

Um die Klonierung von DZIP1L-myc in den Vektor pBT zu überprüfen, wurden Testverdaue mit *Hind*III angesetzt und auf ein Agarosegel aufgetragen. Zur Vorhersage der Fragmentgrößen wurde das Programm NEBcutter V2.0 genutzt (Vincze et al., 2003). Für den Leervektor wurde eine Bande in der Größe von 3200 bp erwartet, das Konstrukt sollte in ein 3700 bp und ein 1800 bp Fragment zerschnitten werden. Abbildung IV.1 zeigt exemplarisch einen Testverdau von potentiellen Klonen des pBT-DZIP1L-myc Konstrukts.

Klone, die ein positives Verdaumuster aufwiesen, wurden zur Sequenzierung an einen Sequenzierdienstleister (MWG) geschickt.

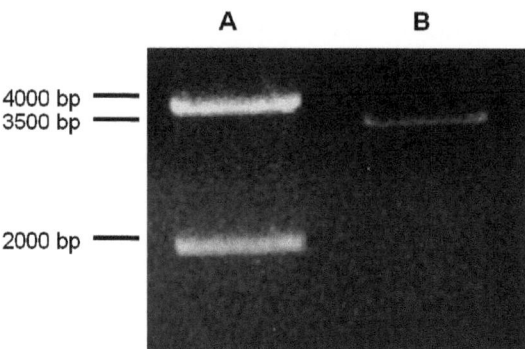

Abbildung IV.1: Gelelektrophoretische Auftrennung eines HindIII-Testverdaus von potentiellen pBT-DZIP1L-myc Klonen
Aufgetragen wurden je 5 µl einer Plasmidpräparation. A zeigt ein positives Verdaumuster von einem Vektor mit Insert, B zeigt das Verdaumuster eines Leervektors.

1.2 Expression von lambda-cl-DZIP1l-myc im *E. coli* Validierungsstamm

Um zu sehen, ob das Fusionsprotein lambda-cl-DZIP1L-myc in *E. coli* exprimiert wird, wurde ein Western Blot mit einem anti-myc Antikörper durchgeführt. Als Negativkontrolle diente Lysat von untransformierten *E. coli*- Zellen, die Positivkontrolle war ein Zelllysat von mit pT-DZIP1L-myc transfizierten COS7-Zellen, bei denen bereits zuvor die Expression von DZIP1L-myc nachgewiesen werden konnte. Wie in Abbildung IV.2 zu sehen, wird das lambda-cl-DZIP1L-myc Fusionsprotein in *E. coli* Zellen exprimiert. Es hat die erwartete Größe von ca. 100 kDA.

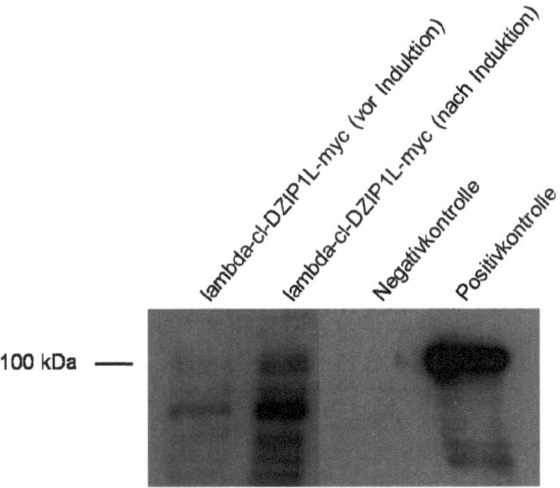

Abbildung IV.2: Überexpression des Fusionsproteins lambda-cl-DZIP1L-myc
E. coli Bakterien wurden mit pBT-DZIP1L-myc transformiert und Flüssigkulturen hergestellt. Diese wurden mit IPTG versetzt, um die Expression des Fusionsproteins zu induzieren. Vor und 4 Stunden nach der Induktion wurden 20 µl der Flüssigkultur entnommen, mit 2 x Laemmli-Puffer aufgekocht und auf ein SDS-Gel aufgetragen. Der Nachweis des Fusionsproteins erfolgte mit einem anti-myc-Antikörper.

1.3 Ausschluss der Autoaktivierung der Reportergene durch das Köderprotein lambda-cl-DZIP1L-myc

Eine Aktivierung der Expression der Reportergene HIS3 und aadA kann nicht nur durch die Interaktion der Fusionsproteine erfolgen, auch das Köderprotein alleine kann unter Umständen die Expression starten. In diesem Fall spricht man von Autoaktivierung. Sollte also lambda-cl-DZIP1L-myc ohne Zielprotein direkt mit der RNA-Polymerase-alpha Untereinheit interagieren können und so ermöglichen, dass die Polymerase an den Promotor bindet und die Transkription der Reportergene startet, wäre dieses Fusionsprotein nicht geeignet für die nachfolgenden Analysen im BacterioMatchII-Two Hybrid System. Daher musste zunächst eine mögliche Autoaktivierung durch DZIP1L-myc ausgeschlossen werden, bevor die Suche nach Interaktionspartnern beginnen konnte (siehe III.2.4.3).

Als Positivkontrolle für die Cotransformation diente das Wachstum auf nicht selektiven Platten. Auf selektiven Platten ohne Histidin aber mit 3-AT, dem kompetitiven Inhibitor des HIS3-Enzyms, konnten nur Klone wachsen, bei denen das Reportergen HIS3 aktiviert wurde. Dabei ist die Menge an 3-AT besonders kritisch, da Zuviel die Histidin-Synthese auch dann verhindern würde, wenn das Reportergen HIS3 aktiviert ist, zu wenig 3-AT hätte einen zu geringen Selektionsdruck zur Folge.

Die Cotransformation der Plasmide pBT-LGF2 und pTRG-Gal11p diente als Positivkontrolle für die Transformation und die Zusammensetzung des Mediums, die Cotransformation von pBT ohne Insert mit pTRG-Gal11p als Negativkontrolle.

Tabelle IV.1: Ergebnisse zum Test der Autoaktivierung
Auf den nicht-selektiven Platten wurde eine 1:100 Verdünnung des Transformationsansatzes ausplattiert und die Anzahl der Kolonien anschließend hochgerechnet.

Cotransformierte Plasmide	Anzahl der Kolonien auf nicht-selektiven Platten	Anzahl der Kolonien auf selektiven Platten
pBT-DZIP1L-myc + pTRG	~ 8700	2
pBT-LGF2 + pTRG-Gal11p (Positivkontrolle)	~ 95000	~ 95000
pBT + pTRG-Gal11p (Negativkontrolle)	~ 100000	7

Tabelle IV.1 zeigt, dass lambda-cl-DZIP1L-myc nicht in der Lage ist, die Reportergene zu aktivieren, da nur sehr wenige Kolonien auf den selektiven Platten gewachsen sind. Bei der Positivkontrolle ist sowohl auf nicht- selektiven Platten als auch auf selektiven Platten ein starkes Wachstum zu beobachten. Dies zeigt, dass die Reportergene wie zu erwarten durch die Interaktion von Gal4 und Gal11p aktiviert wurden. Die Negativkontrolle zeigt zwar ein starkes Wachstum auf nicht-selektiven Platten, auf den selektiven Platten konnten aber lediglich 7 Kolonien beobachtet werden. Dies zeigt, dass die Zusammensetzung des Mediums korrekt war und die Selektion durch 3-AT funktioniert.

Da bei der Cotransformation mit pBT-DZIP1L-myc und pTRG die Anzahl der Kolonien auf den selektiven Platte weniger als 1 % derer auf den nicht- selektiven Platte ausmacht, konnte eine Autoaktivierung ausgeschlossen und das Konstrukt für die Interaktionspartnersuche im Folgenden genutzt werden.

Die geringere Anzahl an Kolonien bei der Cotransformation mit pBT-DZIP1L-myc und pTRG im Vergleich zu den Kontrollen kann auf eine schlechtere Transformationseffizienz oder eine negative Auswirkung des Fusionsproteins auf das Wachstum von *E. coli* zurückgeführt werden.

1.4 Screening nach DZIP1L-Interaktionspartnern

Für die Cotransformation wurden pBT-DZIP1L-myc und cDNA-Bibliothek in den Screeningstamm transformiert. Um die Anzahl der Cotransformanten ermitteln zu können, wurden verdünnte Aliquots auf nicht-selektiven Platten ausplattiert und aus der Anzahl der gewachsenen Kolonien die Gesamtzahl der Cotransformanten hochgerechnet. Die Berechnung ergab, dass etwa 986.000 Cotransformanten entstanden waren. Auf selektivem Medium war allerdings nur noch ein Wachstum von 237 Kolonien zu beobachten, von denen wiederum nur 130 auf doppelt-selektiven Platten wachsen konnten. Damit hat das Interaktions-Screening 130 potentielle Interaktionen ergeben, deren Interaktion in einem weiteren Schritt bestätigt werden musste. Dazu wurde das pTRG-Plasmid aus jedem potentiellen Interaktionspartner der cDNA-Bibliothek isoliert. Aus den so selektierten Klonen wurde die DNA isoliert und in JM109-Zellen transformiert. Zur Überprüfung, ob die Zellen nur noch das pTRG-Plasmid enthielten, wurden sie im Anschluss auf jeweils eine Platte mit Tetracyclin und eine Platte mit Chloramphenicol übertragen. Nur diejenigen Kolonien, die in der Lage waren auf Platten mit Tetracyclin zu wachsen, auf Platten mit Chloramphenicol aber kein Wachstum zeigten, enthielten nur das pTRG-Plasmid. Anschließend wurden aus all diesen Kolonien die Plasmide isoliert und weiter verwendet.

Um die Interaktion der potentiellen Interaktionspartner mit DZIP1L-myc zu bestätigen, wurde jedes einzelne der 130 pTRG-Plasmide zusammen mit pBT-DZIP1L-myc in den Validierungsstamm transformiert. Desweiteren musste die Autoaktivierung durch die potentiellen Interaktionspartner ausgeschlossen werden. Bei 30 Klonen konnte die Interaktion bestätigt und die Selbstaktivierung ausgeschlossen werden. 43 zeigten keine Interaktion mehr und wurden verworfen und die restlichen 57 beinhalteten Plasmide, die für Proteine kodierten, die die Reportergene selbst aktivieren können und somit unwahrscheinlich als wahre Interaktionspartner erschienen.

1.5 Identifizierung der potentiellen Interaktionspartner

Von den 30 potentiellen Interaktionspartnern, bei denen die Interaktion bestätigt und die Autoaktivierung ausgeschlossen werden konnte, wurden die cDNA-Inserts zum Sequenzieren verschickt. Um das interagierende Protein identifizieren zu können, wurde die erhaltene Sequenz in den UCSC Genome Browser (http://genome.ucsc.edu/cgi-bin/hgBlat?command=start) eingegeben und mit dem menschlichen Genom abgeglichen. Dabei kam heraus, dass nur 4 der 30 potentiellen Interaktionspartner einen offenen Leserahmen mit mehr als 20 Aminosäuren enthielten, der für ein bekanntes Protein kodierte. Nur diese potentiellen Interaktionspartner konnten weiter untersucht werden, da bei einem offenen Leserahmen von weniger als 20 Aminosäuren eine zuverlässige Zuordnung zu einem bestimmten Protein nicht sicher möglich war.

Die übrigen 26 Interaktionen waren auf 21 unterschiedliche potentielle Interaktionspartner zurückzuführen. Eine Peptidsequenz wurde zweimal, eine andere dreimal identifiziert. Jedoch enthielten diese potentiellen Interaktionspartner wie die anderen 21 entweder Peptidsequenzen mit weniger als 20 Aminosäuren, einen Leserahmen, der nicht dem natürlichen entsprach und verschoben war oder Peptidsequenzen, die durch eine cDNA kodiert wurden, die aus dem 3´untranslatierten Ende einer mRNA stammten. Bei den kurzen Peptidsequenzen mit weniger als 20 Aminosäuren handelte es sich meistens um den C-Terminus eines Proteins. Dies ist darauf zurückzuführen, dass bei der Herstellung der cDNA-Bibliothek oligo-dt-Primer genutzt wurden und die reverse Transkription daher immer am Poly-A-Schwanz einer mRNA beginnt. Das hatte zur Folge, dass häufig entsprechend nur das 3´terminale Ende der cDNA transkribiert wurde.

Die 4 potentiellen Interaktionspartner von DZIP1L sind in Tabelle IV.2 dargestellt. Die gefundenen Peptidsequenzen waren unterschiedlich lang und beinhalteten verschiedene Proteindomänen.

Abbildung IV.3: DNA-Sequenz und Proteinstruktur von NAGK
Die genomische DNA-Sequenz von NAGK umfasst 10.519 bp und beinhaltet 10 Exons, die cDNA ist 1.035 bp groß. Das Protein besteht aus 390 Aminosäuren und trägt eine FGGY-N-Domäne. Diese nimmt eine Ribonuklease-H-like Faltung ein. Der Pfeil markiert den Bereich, der im Two-Hybrid System interagiert hat.

Die Aminosäuresequenz von NAGK, einer N-Acetylglucosamin-Kinase, wurde fast vollständig im Two-Hybrid System gefunden, lediglich die ersten 53 Aminosäuren fehlen (siehe Abbildung IV.3). Von PSAP interagierte der C-Terminus von Aminosäure 406 bis zum Ende des Proteins (Aminosäure 527)(siehe Abbildung IV.4). Bei PSAP handelt es sich um Prosaposin, das Vorläufer-Protein von Saposin, welches mit dem Tay-Sachs Syndrom, der Gaucher Krankheit und der metachromatischen Leukodystrophie in Verbindung steht. Es ist unter anderem an der Entwicklung des Nerven- und des Reproduktionssystems beteiligt.

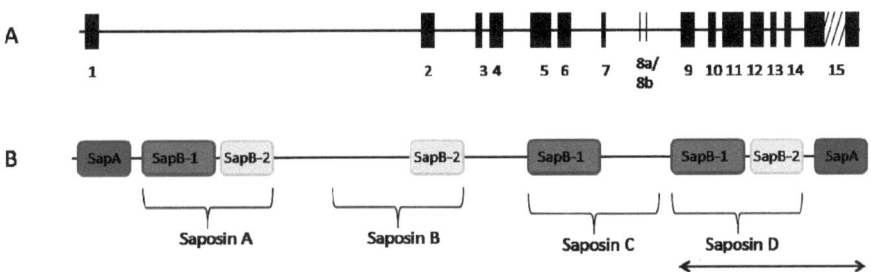

Abbildung IV.4: DNA-Sequenz und Proteinstruktur von PSAP
Die genomische DNA-Sequenz von PSAP umfasst 33.781 bp und beinhaltet 16 Exons, die cDNA ist 1.575 bp groß. Das Protein besteht aus 527 Aminosäuren und trägt N- sowie C-terminal jeweils eine SapA Domäne. Dazwischen liegen drei SapB-1- und drei SapB-2-Domänen. PSAP wird zu

Saposin A, Saposin B, Saposin C und Saposin D prozessiert. Der Pfeil markiert den Bereich, der im Two-Hybrid System interagiert hat.

Der interagierende Bereich von EEF1G, einer Untereinheit des Elongationsfaktor-1 Komplexes, umfasst die Aminosäuren 47-391, die in der Mitte des Proteins liegen (siehe Abbildung IV.5). Bei PJA2/KIAA0438 handelt es sich um E3-Ubiquitin-Protein-Ligase mit RING-Finger-Motiv. Der im Two-Hybrid System mit DZIP1L-myc interagierende Bereich umfasst die Aminosäuren 341-674.

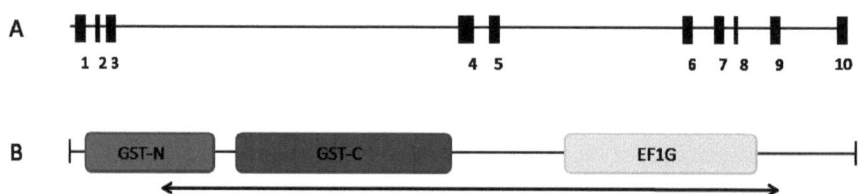

Abbildung IV.5: DNA-Sequenz und Proteinstruktur von EEF1G
Die genomische DNA-Sequenz von EEF1G umfasst 14.388 bp und beinhaltet 10 Exons, die cDNA ist 1.314 bp groß. Das Protein besteht aus 437 Aminosäuren und trägt eine GST-N-, eine GST-C- und eine EF1G-Domäne. Die GST-N- und GST-C-Domänen sind notwendig für die Dimerisierung des EEF1-Kompexes, über die Funktion der EF1G-Domäne ist bislang nichts bekannt. Der Pfeil markiert den Bereich, der im Two-Hybrid System interagiert hat.

Tabelle IV.2: Mittels BacterioMatchII-Two Hybrid System identifizierte Interaktionspartner von DZIP1L

Gen	chromosomale Lokalisation	Funktion	Konservierung	Lokalisation
PSAP	10q21-q22	lysosomaler Abbau von Sphingolipiden	hoch	Lysosom; sowohl als sekretorisches- als auch als Membranprotein
EEF1G	11q12.3	Untereinheit des Elongationsfaktor-1 Komplexes; Rolle beim Transport von tRNAs zum Ribosom	hoch	Cytoplasma
NAGK	2p13.3	Rolle beim Aminosäuremetabolismus; konvertiert endogenes N-Acetyglucosamin in N-Acetylglucosamin-6-phosphat	hoch	Cytoplasma
PJA2 / KIAA04 38	5q21.3	RING-Fingerprotein; Rolle in der Ubiquitinylierung	hoch	Cytoplasma; an der Membran des ER und des Golgi-Apparats

2 Bestätigung der Interaktionspartner mittels CoIP

Die Ergebnisse des bakteriellen (prokaryotischen) Two-Hybrid Systems sollten mit einer weiteren Methode bestätigt werden. Dazu wurde zum einen das Verfahren der Koimmunopräzipitation (CoIP) gewählt, da dabei die Interaktion der potentiellen Interaktionspartner mit DZIP1L in eukaryotischen Zellen untersucht werden kann.

2.1 Klonierung von drei Interaktionspartnern in pTargeT

Die Klone der potentiellen Interaktionspartner wurden kommerziell erworben, in-frame mit einem C-terminalen HA-tag amplifiziert und mittels TA-Ligation in den Expressionsvektor pTargeT kloniert. Das Screening nach positiven Klonen erfolgte mittels Blau-Weiß-

Selektion, die Bestätigung per Sequenzierung. Die Größe der jeweiligen PCR-Produkte ist Abbildung IV.6 zu entnehmen.

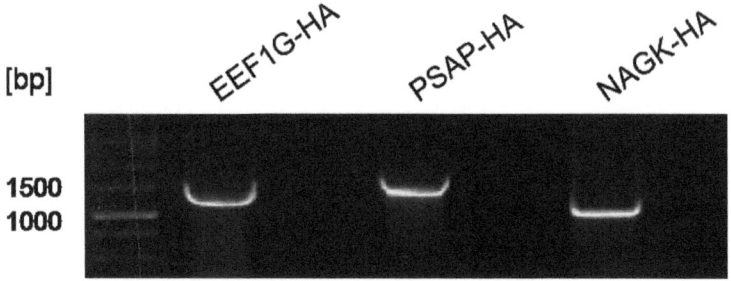

Abbildung IV.6: PCR-Produkte der Interaktionspartner mit HA-tag
Die erwarteten Produktgrößen waren: EEF1G-HA: 1347 bp; PSAP-HA: 1608 bp; NAGK-HA; 1068 bp.

Das entsprechende Konstrukt mit DZIP1L-myc lag in der Arbeitsgruppe bereits vor und konnte genutzt werden. Weiter untersucht wurden dabei nur EEF1G, PSAP und NAGK, da PJA2 zu groß ist, um es in voller Länge zu klonieren. Eine Deletion einzelner Proteinbereiche könnte dazu führen, dass die Tertiärstruktur des Proteins verändert wird und mögliche Proteininteraktionen nur auf dieser veränderten Struktur beruhen.

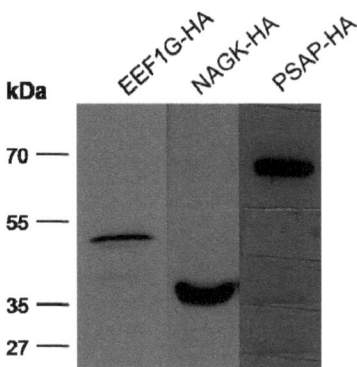

Abbildung IV.7: Expressionskontrollen der getagten Interaktionspartner
Expression von PSAP-HA, EEF1G-HA und NAGK-HA in COS7, nachgewiesen mit anti-HA Antikörper. Die erwarteten Größen waren: NAGK-HA: ~ 39 kDa; EEF1G-HA: ~ 50 kDa und PSAP-HA: ~ 70 kDa.

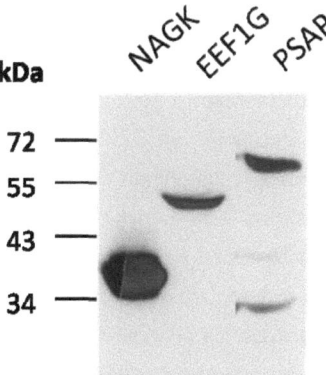

Abbildung IV.8: Nachweis der Expression der Interaktionspartner in COS7-Zellen mit nativen Antikörpern
Expression von PSAP-HA, EEF1G-HA und NAGK-HA in COS7, nachgewiesen mit nativen Antikörpern. Die erwarteten Größen waren: NAGK-HA: ~ 39k Da; EEF1G-HA: ~ 50 kDa und PSAP-HA: ~ 70 kDa.

Die Expression der Konstrukte in COS7-Zellen wurde mittels Western-Blot überprüft. Wie die Abbildungen IV.7 und IV.8 zeigen, konnten alle drei Proteine exprimiert und sowohl anhand ihres Tags als auch mit nativen Antikörpern nachgewiesen werden.
Bei den nativen Antikörpern fällt auf, dass der anti-NAGK und der anti-EEF1G Antikörper spezifische Banden ergeben, wohingegen der anti-PSAP Antikörper auch zwei unspezifische Banden zeigt. Die theoretischen Molukulargewichte wurden mittels PeptidMass-Tool von ExPASy (http://expasy.org/tools/peptide-mass.html) ermittelt.
Das DZIP1L-myc Konstrukt lag bereits in pTargeT kloniert vor und konnte für die nachfolgenden Experimente genutzt werden.

2.2 Ergebnisse der Koimmunopräzipitation

Mittels CoIP sollte untersucht werden, ob sich die Interaktion von DZIP1L und den potentiellen Interaktionspartnern auch in eukaryotischen Zellen bestätigen lässt. Dazu wurden die jeweiligen Plasmide in COS7- und HEK293-Zellen kotransfiziert. Darauf folgten die CoIP mittels spezifischen Antikörpern und Sepharose-Beads und die Auftrennung der eluierten Proteine in einer SDS-PAGE. Anschließend wurden die Proteine mittels Western Blot auf eine Nitrozellulose-Membran übertragen und über ihre Tags bzw. native Antikörper nachgewiesen.

2.2.1 CoIP von EEF1G-HA und DZIP1L-myc

Abbildung IV.9 zeigt das Ergebnis der CoIP von DZIP1L-myc mit EEF1G-HA in COS7-Zellen. Der Expressionskontrolle ist zu entnehmen, dass die beiden Fusionsproteine EEF1G-HA (siehe Abbildung IV.9, A) und DZIP1L-myc (siehe Abbildung IV.9, B) exprimiert wurden. Auch die IPs waren erfolgreich. Es ist zu erkennen, dass sowohl EEF1G über das HA-tag als auch DZIP1L über das myc-tag an die Sepharose-Beads gebunden wurden. Dabei ist zu beachten, dass die Kontrolle mit anti-IgG Antikörpern zeigt, dass EEF1G-HA auch unspezifisch an die Beads gebunden wird. Allerdings ist die spezifische Bindung über das HA-tag deutlich stärker als die unspezifische Bindung. Bei DZIP1L-myc ist keine unspezifische Bindung festzustellen. Desweiteren ist den Abbildungen zu entnehmen, dass EEF1G-HA auch in der Fraktion nachzuweisen ist, die mit anti-myc Antikörpern inkubiert wurde. Es wurde also indirekt über DZIP1L-myc an die Beads gebunden. In diesem Fall kann man von einer CoIP sprechen. In umgekehrter Richtung ließ sich die Interaktion hingegen nicht nachweisen, d. h. DZIP1L-myc konnte nicht indirekt über EEF1G-HA an die Beads gebunden werden.

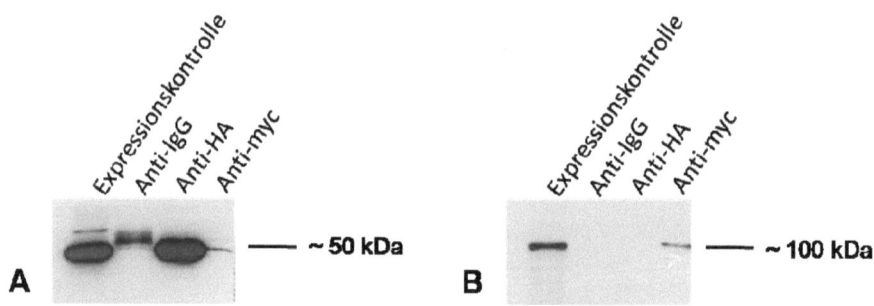

Abbildung IV.9: CoIP von DZIP1L-myc und EEF1G-HA in COS7-Zellen
COS7-Zellen wurden mit DZIP1L-myc und EEF1G-HA kotransfiziert. Für die Expressionskontrolle wurde Gesamtzelllysat eingesetzt. Die Elektrophorese erfolgte auf einem 10 %igen Gel. **A:** Inkubation der Membran mit Kaninchen anti-HA Antikörpern. (Belichtungszeit: 45 Sekunden). **B:** Inkubation der Membran mit Kaninchen anti-myc Antikörpern. (Belichtungszeit: 90 Sekunden).

Da die Interaktion nur in eine Richtung bestätigt werden konnte, wurde zur weiteren Validierung eine CoIP in HEK293-Zellen durchgeführt (siehe Abbildung IV.10). Auch in HEK293-Zellen wurden sowohl das EEF1G-HA- als auch das DZIP1L-myc-Fusionsprotein exprimiert. Auch die IPs konnten für beide Proteine erfolgreich durchgeführt werden. In diesem Fall ist weiterhin zu erkennen, dass es in HEK293-Zellen keine unspezifische Bindung der Fusionsproteine an die Sepharose-Beads gibt. Ein weiterer Unterschied zu den Ergebnissen der CoIP in COS7-Zellen ist, dass hier in beide Richtungen die CoIP erfolgreich war. Zwar scheint es auch hier so, dass die indirekte Bindung von EEF1G-HA über DZIP1L-myc an die Beads stärker ist als in umgekehrter Weise, es konnte aber dennoch eine indirekte Bindung von DZIP1L-myc über EEF1G-HA an die Beads und somit eine Interaktion der beiden Fusionsproteine nachgewiesen werden.

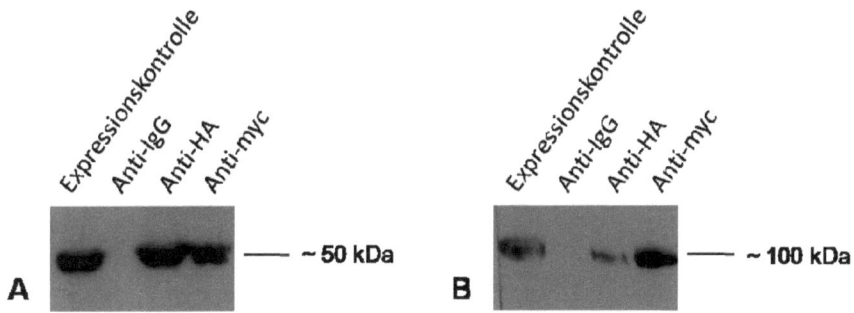

Abbildung IV.10: CoIP von DZIP1L-myc und EEF1G-HA in HEK293-Zellen
HEK293-Zellen wurden mit DZIP1L-myc und EEF1G-HA kotransfiziert. Für die Expressionskontrolle wurde Gesamtzelllysat eingesetzt. Die Elektrophorese erfolgte auf einem 10 %igen Gel. **A:** Inkubation der Membran mit Kaninchen anti-HA Antikörpern. (Belichtungszeit: 120 Sekunden). **B:** Inkubation der Membran mit Kaninchen anti-myc Antikörpern. (Belichtungszeit: 180 Sekunden).

2.2.2 CoIP von NAGK-HA und DZIP1L-myc

Abbildung IV.11 ist das Ergebnis der CoIP von DZIP1L-myc und NAGK-HA zu entnehmen. Auch hier zeigt die Positivkontrolle, dass beide Fusionsproteine exprimiert wurden und auch die IPs können als erfolgreich gewertet werden, da im Falle von NAGK-HA eine Bande in der Fraktion die mit anti-HA Antikörpern inkubiert wurde, nachgewiesen werden konnte und dies bei DZIP1L-myc in der Fraktion die mit anti-myc Antikörper inkubiert wurde, der Fall ist. Es bestätigt sich, dass DZIP1L-myc nicht unspezifisch an die Beads gebunden wird, wohingegen bei NAGK-HA eine unspezifische Bindung zu beobachten ist. Aber auch hier ist die Bande in der Kontrolle mit anti-IgG Antikörpern deutlich schwächer, als die der IP. Auch bei dieser CoIP ist zu erkennen, dass NAGK-HA auch in der Fraktion nachzuweisen ist, die mit anti-myc Antikörpern inkubiert wurde. Es erfolgte also eine indirekte Bindung an die Beads über DZIP1L-myc. Aus diesem Grund konnte die CoIP in diese Richtung als positiv gewertet werden. In umgekehrter Richtung ließ sich auch hier die Interaktion hingegen nicht nachweisen, d .h. DZIP1L-myc konnte nicht indirekt über NAGK-HA an die Beads gebunden werden.

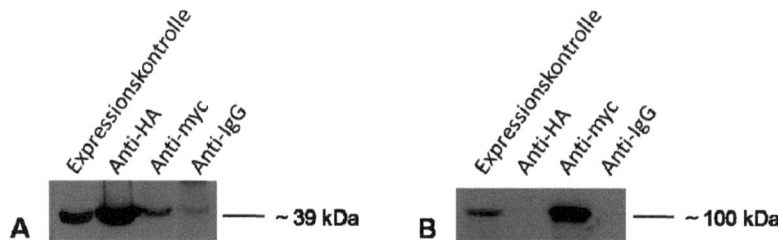

Abbildung IV.11: CoIP von DZIP1L-myc und NAGK-HA in COS7-Zellen
COS7-Zellen wurden mit DZIP1L-myc und NAGK-HA kotransfiziert. Für die Expressionskontrolle wurde Gesamtzelllysat eingesetzt. Die Elektrophorese erfolgte auf einem 10 %igen Gel. **A:** Inkubation der Membran mit Kaninchen anti-HA Antikörpern. (Belichtungszeit: 45 Sekunden). **B:** Inkubation der Membran mit Kaninchen anti-myc Antikörpern. (Belichtungszeit: 90 Sekunden).

Auch für die Fusionsproteine NAGK-HA und DZIP1L-myc wurde die CoIP zur Validierung in einer weiteren Zelllinie (HEK293) durchgeführt. Dabei haben sich die Ergebnisse der CoIP in COS7-Zellen größtenteils bestätigt. Auch in HEK293-Zellen konnte die CoIP nur in eine Richtung als positiv gewertet werden (siehe Abbildung IV.12, A).

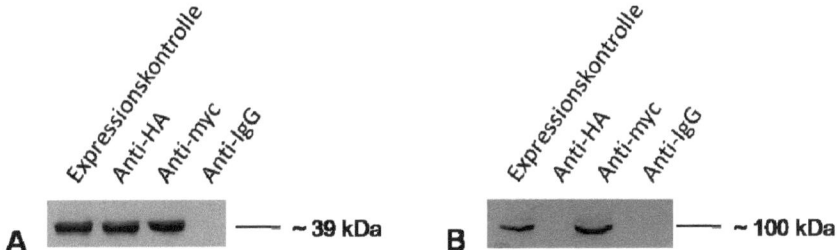

Abbildung IV.12: CoIP von DZIP1L-myc und NAGK-HA in HEK293-Zellen
HEK293-Zellen wurden mit DZIP1L-myc und NAGK-HA kotransfiziert. Für die Expressionskontrolle wurde Gesamtzelllysat eingesetzt. Die Elektrophorese erfolgte auf einem 10 %igen Gel. **A:** Inkubation der Membran mit Kaninchen anti-HA Antikörpern. (Belichtungszeit: 120 Sekunden). **B:** Inkubation der Membran mit Kaninchen anti-myc Antikörpern. (Belichtungszeit: 180 Sekunden).

Auch hier ist der Nachweis einer indirekten Bindung von DZIP1L-myc über NAGK-HA an die Beads nicht möglich. Im Gegensatz zu den CoIP-Experimenten in COS7-Zellen ist aber in HEK293-Zellen keinerlei unspezifische Bindung der Fusionsproteine an die Beads zu beobachten.

2.2.3 CoIP von PSAP-HA und DZIP1L-myc

Abbildung IV.13 zeigt die Ergebnisse der CoIP von DZIP1L-myc mit PSAP-HA. Der Expressionskontrolle ist zu entnehmen, dass sowohl PSAP-HA (siehe Abbildung IV.13, A) als auch DZIP1L-myc (Abbildung IV.13, B) exprimiert wurden. Beide Fusionsproteine konnten über ihr jeweiliges Tag an die Beads gebunden werden, somit war die IP erfolgreich. Bei dieser CoIP konnte für beide Proteine eine unspezifische Bindung an die Beads ausgeschlossen werden. Eine CoIP konnte allerdings auch in diesem Fall nur in eine Richtung nachgewiesen werden. PSAP-HA konnte indirekt über DZIP1L-myc an die Beads gebunden werden, eine indirekte Bindung von DZIP1L-myc über NAGK-HA konnte nicht nachgewiesen werden. Hier fällt auf, dass die Bande der CoIP von PSAP-HA stärker ist als die der IP. Dieses Ergebnis konnte in zahlreichen unabhängigen Wiederholungen bestätigt werden.

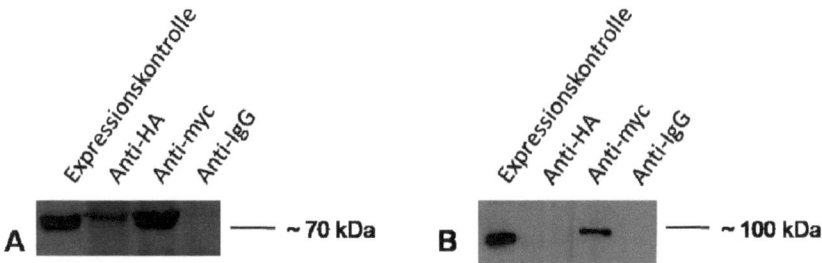

Abbildung IV.13: CoIP von DZIP1L-myc und PSAP-HA in COS7-Zellen
COS7-Zellen wurden mit DZIP1L-myc und PSAP-HA kotransfiziert. Für die Expressionskontrolle wurde Gesamtzelllysat eingesetzt. Die Elektrophorese erfolgte auf einem 10 %igen Gel. **A:** Inkubation der Membran mit Kaninchen anti-HA Antikörpern. (Belichtungszeit: 45 Sekunden). **B:** Inkubation der Membran mit Kaninchen anti-myc Antikörpern. (Belichtungszeit: 90 Sekunden).

Da auch für die Fusionsproteine PSAP-HA und DZIP1L-myc die CoIP in COS7-Zellen nur in eine Richtung erfolgreich war, wurde das Experiment auch in diesem Fall in HEK293-Zellen wiederholt (siehe Abbildung IV.14). Dabei fällt auf, dass im Gegensatz zu der CoIP in COS7-Zellen in HEK293-Zellen PSAP-HA nur sehr schwach indirekt über DZIP1L-myc an die Beads gebunden werden konnte. Während die Bindung in COS7-Zellen scheinbar sogar stärker war als die direkte Bindung von PSAP-HA, ist in HEK293-Zellen nur eine sehr schwache Bande für die CoIP zu erkennen.

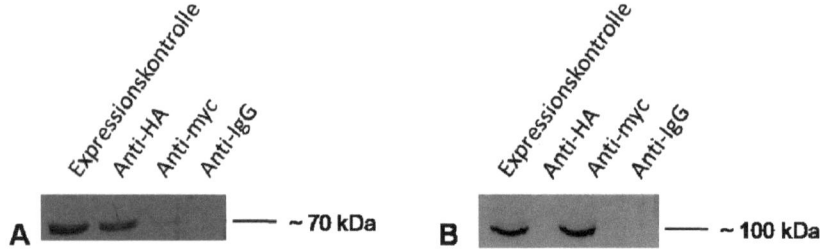

Abbildung IV.14: CoIP von DZIP1L-myc und PSAP-HA in HEK293-Zellen
HEK293-Zellen wurden mit DZIP1L-myc und PSAP-HA kotransfiziert. Für die Expressionskontrolle wurde Gesamtzelllysat eingesetzt. Die Elektrophorese erfolgte auf einem 10 %igen Gel. **A:** Inkubation der Membran mit Kaninchen anti-HA Antikörpern. (Belichtungszeit: 120 Sekunden). **B:** Inkubation der Membran mit Kaninchen anti-myc Antikörpern. (Belichtungszeit: 180 Sekunden).

Ansonsten wurden die Ergebnisse der vorherigen CoIP bestätigt. Es gab keine unspezifische Bindung der Fusionsproteine an die Beads und eine CoIP von DZIP1L-myc über PSAP-HA konnte nicht nachgewiesen werden.

Zusammengefasst konnte für alle drei Fusionsproteine (EEF1G-HA, NAGK-HA und PSAP-HA) eine CoIP mit DZIP1L-myc in einer Richtung nachgewiesen werden. Da dies in zwei unterschiedlichen Zelllinien der Fall ist, kann somit am ehesten von einer *de facto in vivo* stattfindenden Interaktion der Proteine ausgegangen werden und die Ergebnisse des Two-Hybrid Systems können als bestätigt betrachtet werden.

3 Lokalisationsstudien mittels Immunfluoreszenz

Mit Hilfe der Immunfluoreszenz sollte zum einen die Lokalisation von DZIP1L, EEF1G, NAGK und PSAP bestimmt und zum anderen eine Kolokalisation der Fusionsproteine mit DZIP1L bestätigt werden, da dies die Voraussetzung für eine Interaktion ist. Dazu wurden COS7-Zellen mit DZIP1L-myc und jeweils einem der Fusionsproteine EEF1G-HA, NAGK-HA oder PSAP-HA transfiziert und anschließend die Immunfluoreszenzexperimente durchgeführt.

3.1 Immunfluoreszenz von EEF1G-HA

Da EEF1G-HA sowohl im bakteriellen Two-Hybrid System als auch in der CoIP mit DZIP1L-myc interagiert, sollte nun getestet werden, ob die beiden Proteine in der Zelle auch tatsächlich kolokalisieren, oder ob es sich bei den zuvor detektierten Interaktionen um Artefakte handeln könnte. Abbildung IV.15 zeigt Aufnahmen von COS7-Zellen die transient mit DZIP1L-myc und EEF1G-HA transfiziert wurden. Zum indirekten Nachweis der Proteine wurden Kaninchen anti-myc- und Ziege anti-Kaninchen-555-Antikörper (DZIP1L-myc) bzw. Maus anti-HA- und Ziege anti-Maus-488-Antikörper (EEF1G-HA) genutzt. In Teil A der Abbildung sind im Bereich des Cytoplasmas Akkumulationen des Proteins DZIP1L-myc zu sehen, die sich über die gesamte Zelle verteilen. Auch EEF1G-HA ist über die gesamte Zelle verteilt (Abbildung IV.15, B). Allerdings ist die Verteilung hier gleichmäßig und es sind keine Akkumulationen zu beobachten. In Abbildung IV.15, D ist eine Überlagerung des roten und des grünen Kanals, besonders am Randbereich der Akkumulationen von DZIP1L-myc, zu erkennen. Dies ist ein Hinweis auf eine Kolokalisation und somit ein weiterer Hinweis auf eine Interaktion der beiden Proteine.

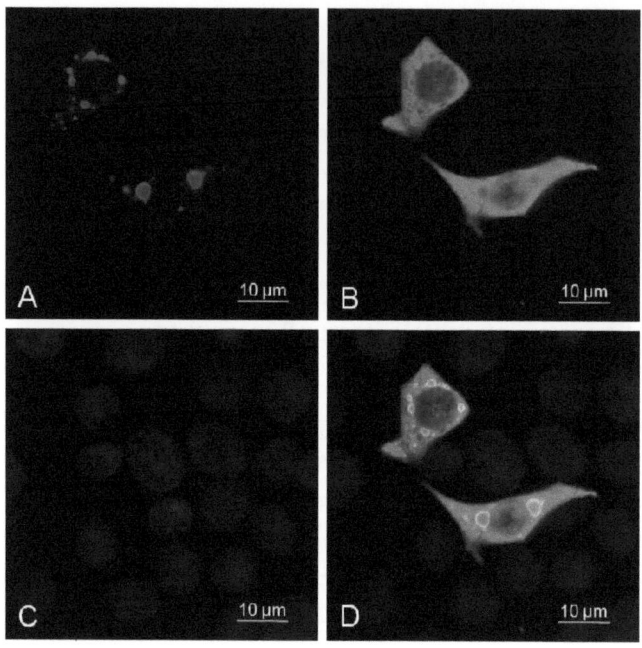

Abbildung IV.15: Immunfluoreszenz von DZIP1L-myc und EEF1G-HA in COS7-Zellen
COS7-Zellen wurden mit DZIP1L-myc und EEF1G-HA kotransfiziert. Die Zellen wurden mit Methanol fixiert und mit 1 % BSA geblockt. Der Nachweis erfolgte indirekt über Kaninchen anti-myc- und Ziege anti-Kaninchen-555-Antikörper (A) bzw. über Maus anti-HA- und Ziege anti-Maus-488-Antikörper (B). Die Kernfärbung erfolgte mit DAPI (C). D zeigt die Überlagerung aller Kanäle.

Zur weiteren Validierung wurden die Immunfluoreszenz-Experimente in einer zweiten Zelllinie (mIMCD-3) wiederholt. Abbildung IV.16 ist zu entnehmen, dass die Lokalisation von DZIP1L-myc auch in mIMCD-3-Zellen als vesikelartige Akkumulationen im Cytoplasma zu beobachten ist. Auch für EEF1G-HA ist die gleiche Lokalisation wie in COS7-Zellen zu erkennen. Die Überlagerung beider Kanäle gibt aber in diesem Fall weniger eindeutige Hinweise auf eine Kolokalisation der beiden Proteine. Wenn überhaupt ist am Rand der Vesikel eine schwache Kolokalisation zu beobachten.

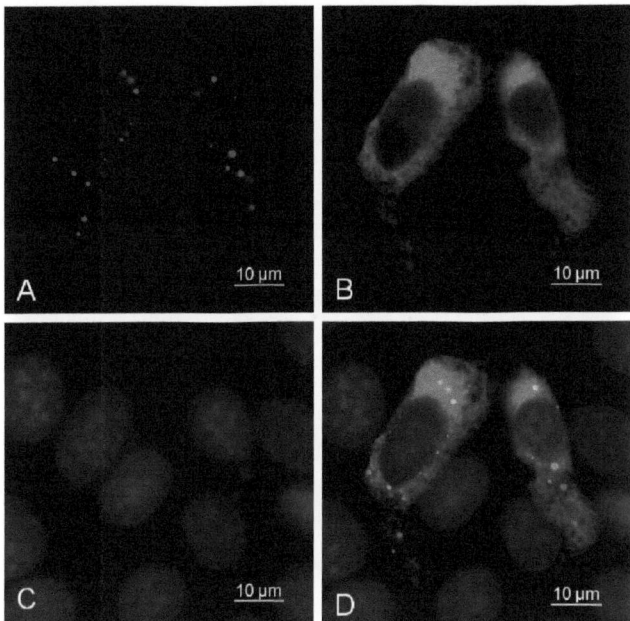

Abbildung IV.16: Immunfluoreszenz von DZIP1L-myc und EEF1G-HA in mIMCD-3-Zellen
mIMCD-3-Zellen wurden mit DZIP1L-myc und EEF1G-HA kotransfiziert. Die Zellen wurden mit Methanol fixiert und mit 1 % BSA geblockt. Der Nachweis erfolgte indirekt über Kaninchen anti-myc- und Ziege anti-Kaninchen-555-Antikörper (A) bzw. über Maus anti-HA- und Ziege anti-Maus-488-Antikörper (B). Die Kernfärbung erfolgte mit DAPI (C). D zeigt die Überlagerung aller Kanäle.

Zusammenfassend ergaben die Immunfluoreszenzstudien somit keinen eindeutigen Hinweis auf eine Kolokalisation und damit eine Interaktion von DZIP1L-myc und EEF1G-HA.

3.2 Immunfluoreszenz von NAGK-HA

Auch NAGK-HA interagiert sowohl im bakteriellen Two-Hybrid System als auch in der CoIP mit DZIP1L-myc. Aus diesem Grund sollte auch hier eine Kolokalisation der beiden Proteine in eukaryotischen Zellen nachgewiesen werden.

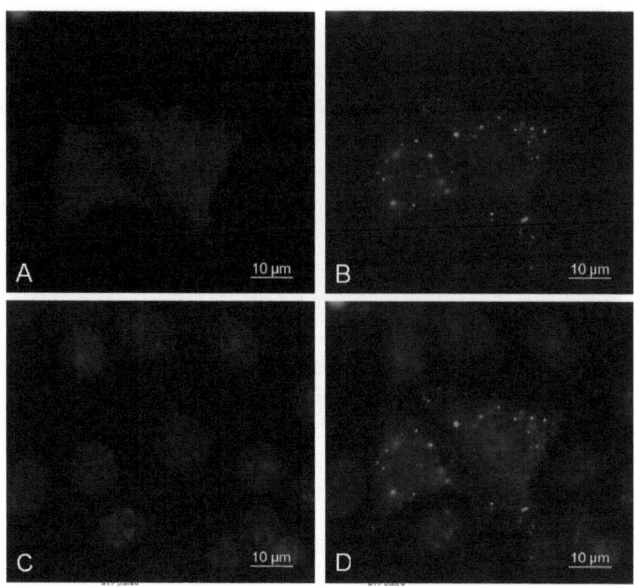

Abbildung IV.17: Immunfluoreszenz von DZIP1L-myc und NAGK-HA in COS7-Zellen
COS7-Zellen wurden mit DZIP1L-myc und NAGK-HA kotransfiziert. Die Zellen wurden mit Methanol fixiert und mit 1 % BSA geblockt. Der Nachweis erfolgte indirekt über Kaninchen anti-HA- und Ziege anti-Kaninchen-555-Antikörper (A) bzw. über Maus anti-myc- und Ziege anti-Maus-488-Antikörper (B). Die Kernfärbung erfolgte mit DAPI (C). D zeigt die Überlagerung aller Kanäle.

Abbildung IV.17 zeigt Aufnahmen von COS7-Zellen die transient mit DZIP1L-myc und NAGK-HA transfiziert wurden. Zum indirekten Nachweis der Proteine wurden Maus anti-HA- und Ziege anti-Kaninchen-555-Antikörper (NAGK-HA) und Maus anti-myc- und Ziege anti-Maus-488-Antikörper (DZIP1L-myc) genutzt. Teil A der Abbildung zeigt die Verteilung von NAGK-HA über das Cytoplasma der gesamten Zelle. In Teil B der Abbildung sind die typischen Akkumulationen von DZIP1L-myc im Cytoplasma der Zelle zu sehen. In der Überlagerung des roten und des grünen Kanals (Abbildung IV.17, D), ist auch in diesem Fall kein Hinweis auf eine Kolokalisation zu finden.

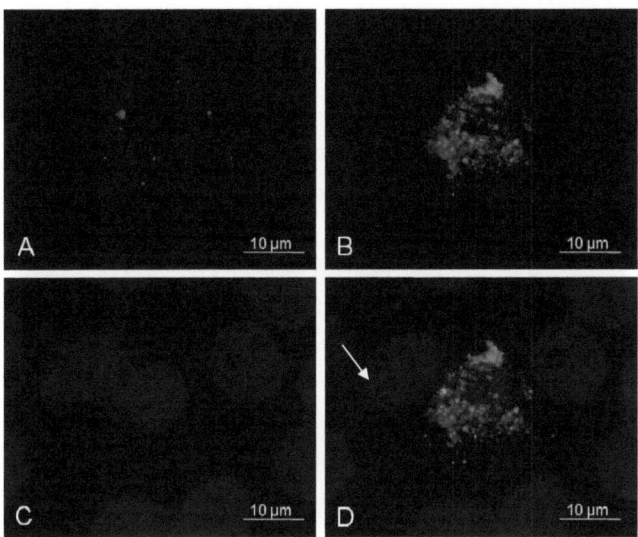

Abbildung IV.18: Immunfluoreszenz von DZIP1L-myc und NAGK-HA in mIMCD-3-Zellen
mIMCD-3-Zellen wurden mit DZIP1L-myc und NAGK-HA kotransfiziert. Die Zellen wurden mit Methanol fixiert und mit 1 % BSA geblockt. Der Nachweis erfolgte indirekt über Maus anti-myc- und Ziege anti-Maus-555-Antikörper (A) bzw. über Kaninchen anti-HA- und Ziege anti-Kaninchen-488-Antikörper (B). Die Kernfärbung erfolgte mit DAPI (C). D zeigt die Überlagerung aller Kanäle.

Zur weiteren Validierung wurden auch die Immunfluoreszenz-Experimente von DZIP1L-myc und NAGK-HA in mIMCD-3-Zellen wiederholt (siehe Abbildung IV.18). Auch hier ist für DZIP1L-myc wieder die typische Verteilung in der Zelle zu erkennen. Für NAGK-HA konnte in mIMCD-3-Zellen ein spezifischeres Ergebnis als in COS7-Zellen erreicht werden. Es ist im Cytoplasma um den Zellkern herum lokalisiert (siehe Abbildung IV.18, B). In der Überlagerung ist nur an der mit dem Pfeil gekennzeichneten Stelle eine Kolokalisation der beiden Fusionsproteine zu erkennen (siehe Abbildung IV.18, D). Zusammenfassend ergeben die Immunfluoreszenz-Experimente keinen eindeutigen Hinweis auf eine Kolokalisation und somit Interaktion von DZIP1L-myc und NAGK-HA.

3.3 Immunfluoreszenz von PSAP

Für PSAP konnte sowohl im bakteriellen Two-Hybrid System als auch in der CoIP eine Interaktion mit DZIP1L nachgewiesen werden. Deswegen sollte auch in diesem Fall eine Kolokalisation der beiden Proteine in eukaryotischen Zellen nachgewiesen werden.

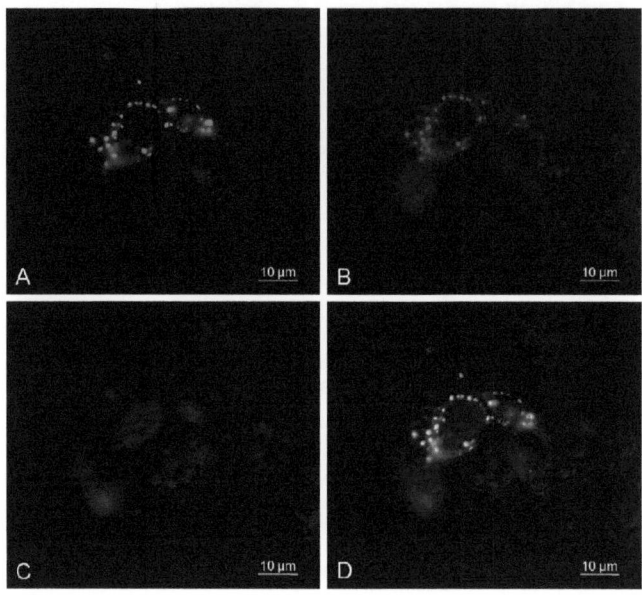

Abbildung IV.19: Immunfluoreszenz von DZIP1L-myc und PSAP in COS7-Zellen
COS7-Zellen wurden mit DZIP1L-myc und PSAP-HA kotransfiziert. Die Zellen wurden mit Methanol fixiert und mit 1 % BSA geblockt. Der Nachweis erfolgte indirekt über Maus anti-myc- und Ziege anti-Maus-488-Antikörper (A) bzw. direkt über Kaninchen anti-PSAP- und Ziege anti-Kaninchen-555-Antikörper (B). Die Kernfärbung erfolgte mit DAPI (C). D zeigt die Überlagerung aller Kanäle.

Abbildung IV.19 zeigt Aufnahmen von COS7-Zellen die transient mit DZIP1L-myc und PSAP-HA transfiziert wurden. Zum indirekten Nachweis von DZIP1L-myc wurden Maus anti-myc- und Ziege anti-Maus-488-Antikörper genutzt. Der Nachweis von PSAP erfolgte direkt über native Kaninchen anti-PSAP- und Ziege anti-Kaninchen-555-Antikörper. Teil A der Abbildung zeigt Akkumulationen des Proteins DZIP1L-myc im Bereich des Cytoplasmas, die sich über die gesamte Zelle verteilen, wie es bei DZIP1L-myc immer zu beobachten ist.

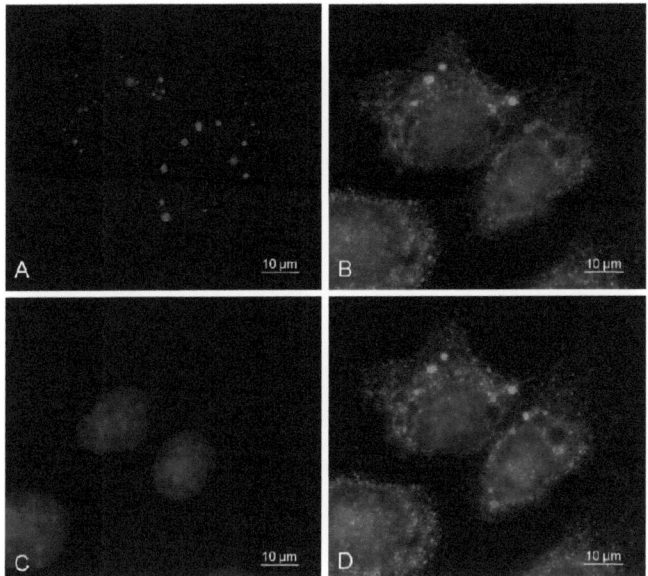

Abbildung IV.20: Immunfloreszenz von DZIP1L-myc und PSAP in mIMCD-3-Zellen
mIMCD-3-Zellen wurden mit DZIP1L-myc und PSAP-HA kotransfiziert. Die Zellen wurden mit Methanol fixiert und mit 1 % BSA geblockt. Der Nachweis erfolgte indirekt über Maus anti-myc- und Ziege anti-Maus-555-Antikörper (A) bzw. direkt über Kaninchen anti-PSAP- und Ziege anti-Kaninchen-488-Antikörper (B). Die Kernfärbung erfolgte mit DAPI (C). D zeigt die Überlagerung aller Kanäle.

Die Lokalisation von PSAP beschränkt sich auf den Bereich rund um den Zellkern (Abbildung IV.19, B). Auch hier sind Akkumulationen zu beobachten. Diese Akkumulationen decken sich mit denen von DZIP1L-myc, wie in Abbildung IV.19, D zu erkennen ist. Dies ist ein Hinweis auf eine Kolokalisation und somit ein weiterer Hinweis auf eine Interaktion der beiden Proteine.

Abbildung IV.20 zeigt Aufnahmen von mIMCD-3-Zellen die transient mit DZIP1L-myc und PSAP-HA transfiziert wurden. Zum indirekten Nachweis von DZIP1L-myc wurden Maus anti-myc- und Ziege anti-Maus-555-Antikörper genutzt. Der Nachweis von PSAP-HA erfolgte direkt mit Kaninchen anti-PSAP- und Ziege anti-Kaninchen-488-Antikörpern. Teil A der Abbildung zeigt die typische Akkumulation von DZIP1L-myc in Vesikeln im Cytoplasma der gesamten Zelle. In Teil B der Abbildung ist PSAP auch in einer Art von Akkumulationen in Vesikeln im Cytoplasma der Zelle zu erkennen. In der Überlagerung des roten und des grünen Kanals (Abbildung IV.20, D), zeigt sich kein Hinweis auf eine Kolokalisation. Damit konnte in mIMCD-3-Zellen keine Kolokalisation von PSAP-HA und DZIP1L-myc beobachtet werden.

Zusammenfassend konnte somit in der Immunfluoreszenz kein eindeutiger Hinweis auf eine Kolokalisation von DZIP1L-myc und PSAP-HA gefunden werden.

V Diskussion

Die Forschung an polyzystischen Nierenerkrankungen hat in den letzten Jahren große Fortschritte gemacht, trotzdem bleiben viele Fragen, vor allem in Hinblick auf den Einfluss weiterer beteiligter Gene und die Charakterisierung der beteiligten Signalwege, offen. Vor einiger Zeit wurde im Rahmen eines Homozygosity-Mappings das Gen *DZIP1L* als Kandidatengen für polyzystische Nierenerkrankungen identifiziert (unpublizierte Daten). Bislang ist über die Funktion des Proteins nur sehr wenig bekannt. Die Beteiligung seines Homologs DZIP1 am Hedgehog-Signalweg (Sekimizu *et al.*, 2003; Wolf *et al.*, 2003) lässt aber den Schluss zu, dass auch DZIP1L eine Rolle in diesem Signalweg spielen könnte. Da zurzeit keine kommerziell erwerblichen Primärantikörper gegen DZIP1L verfügbar sind, muss für den Nachweis des Proteins auf die Transfektion von markierten Proteinen zurückgegriffen werden. Die vorliegende Arbeit hatte zum Ziel mittels bakteriellem Two-Hybrid System Interaktionspartner von DZIP1L zu identifizieren, um die Funktion des Proteins weiter aufklären zu können.

Von der Charakterisierung von Interaktionspartnern und somit Proteinnetzwerken sowie einer genaueren Bestimmung der subzellulären Lokalisation dieser Zystoproteine ist ein besseres Verständnis des Pathomechanismus polyzystischer Nierenerkrankungen zu erwarten.

1 Identifikation von DZIP1L-myc Interaktionspartnern mit dem BacterioMatch-II-Two-Hybrid System

Zur Suche von Interaktionspartnern von DZIP1L wurde das BacterioMatch-II-Two-Hybrid System benutzt (Abb. III.8). Es wurde für diese Arbeit ausgewählt, da es gegenüber dem Hefesystem einige bedeutsame Vorteile aufweist. Zum ersten waren in unserem Labor die gängigen Arbeitstechniken im Umgang mit Bakterien bereits etabliert, wohingegen die Erfahrung im Umgang mit Hefen weitgehend fehlte. Desweiteren teilt sich *E. coli* schneller als Hefe, ist effizienter zu transformieren und die Gewinnung der DNA ist einfacher. Somit kann in einer kürzeren Zeit eine größere Anzahl an Interaktionen gescreent werden. Außerdem weist ein Eukaryot wie die Hefe deutlich häufiger Homologe der identifizierten

Interaktionspartner auf, als dies ist in einem Prokaryoten wie *E. coli* der Fall sein sollte. Die könnte eine Verfälschung der Interaktionsstudien zur Folge haben.

Ein weiterer Vorteil der Hefe ist, dass sie im Gegensatz zu *E. coli* zu posttranslationaler Modifikation der Interaktionspartner fähig ist. Durch mangelnde posttranslationale Modifikation könnte es in *E. coli* zu falsch positiven, aber auch zu falsch negativen Ergebnissen kommen.

Ein gewisser Nachteil des bakteriellen Two-Hybrid Systems ist, dass es bislang weniger weit verbreitet ist als das Hefe-basierte System. Die Anzahl an veröffentlichten Interaktionspartnern, die mit einem bakteriellen Two-Hybrid System identifiziert wurden, ist demnach deutlich geringer als jene, die mit Hilfe des Hefesystems gefunden werden konnten. Dies ist naturgemäß primär dem Umstand geschuldet, dass das Hefe-basierte System bereits viel länger existiert als das bakterielle. Mittlerweile wurden mehrere Publikationen veröffentlicht, in denen sehr erfolgreich mit Hilfe des bakteriellen Two-Hybrid Systems entsprechende Interaktionspartner identifiziert werden konnten (siehe z. B. Dudziak *et al.*, 2008 und Pandur *et al.*, 2009).

Weitere Verfahren zum Nachweis von Protein-Protein-Interaktionen sind z. B. „Tandem Affinity Purification- (TAP-) Assay" oder Phagen-Display. Bei erstgenanntem Verfahren wird das Zielprotein mit zwei Tags N-terminal oder C-terminal fusioniert. Diese beiden Tags erlauben durch zwei konsekutive Affinitätsreinigungen die Isolation des Proteins aus einem Zelllysat samt seiner Bindungspartner. Die unbekannten Interaktionspartner werden schließlich mittels massenspektrometrischer Analyse des finalen Eluats identifiziert. So ist auch die Identifikation von Multi-Proteinkomplexen möglich. Der TAP-Assay hat den weiteren Vorteil, dass es sich bei den möglichen Bindungspartnern um endogene Proteine handelt. Dadurch lassen sich die *in vivo* vorliegenden Protein-Konstellationen authentischer nachstellen, als bei der Verwendung des Hefe-oder Bakterien-Systems und die Zahl falsch positiver Interaktionspartner ist geringer. Um diese *in vivo* Protein-Konstellation aufrecht zu erhalten, ist es allerdings notwendig eine stabil transfizierte Zelllinie zu generieren, da ansonsten das Zielprotein überexprimiert werden muss. Außerdem muss für die anschließende Analyse ausreichend Material aufgereinigt werden und die technischen und apparativen Voraussetzungen geschaffen sein. Ein weiterer Nachteil des TAP-Assays ist, dass das Doppel-Tag durchaus die Eigenschaften des Proteins verändern kann. Zudem ist eine Unterscheidung zwischen kontaminierenden Proteinen und Interaktionspartnern nicht immer einfach und die Herstellung des doppeltgetaggten Proteins mit hohem Zeitaufwand verbunden.

Beim Pagen-Display wird eine cDNA-Bibliothek in die Gen-Sequenz filamentöser Phagen kloniert und die Phagen schließlich in Bakterien vermehrt. Die Phagen bauen das jeweilige kodierte Fusionsprotein in ihre Hülle ein und präsentieren es auf ihrer Oberfläche. Das Zielprotein, für das Interaktionspartner gesucht werden, wird an Beads gebunden und mit den Phagen inkubiert. Nach mehreren Waschschritten werden die Phagen, die an das Zielprotein gebunden haben, eluiert und erneut in Bakterien vermehrt und letztlich mit dem Zielprotein inkubiert. Durch dieses mehrfach wiederholte sogenannte „Biospanning" werden die am besten bindenden Fusionsproteine angereichert und können schließlich durch Sequenzierung identifiziert werden. Auf diese Weise können schnell und effizient DNA-Bibliotheken gescreent und auch seltene Interaktionspartner identifiziert werden. Allerdings werden auf der Phagen-Oberfläche maximal 12 Aminosäuren große Fragmente präsentiert. Dies erschwert die Identifikation der Interaktionspartner und limitiert den möglichen Bindungsbereich stark.

Im Rahmen dieser Arbeit wurde in unserem Labor das BacterioMatchII-Two-Hybrid System etabliert und es konnten vier bislang nicht in der Literatur beschriebene Interaktionspartner von DZIP1L – EEF1G, NAGK, PSAP und PJA2 - identifiziert werden (siehe Tabelle IV.2). Diese Ausbeute an potentiellen Interaktionspartnern erscheint im Vergleich zur Anzahl der zumeist mittels Yeast-Two-Hybrid identifizierten Bindungspartner zunächst recht gering. Dies könnte entweder daran liegen, dass das bakterielle Two-Hybrid System weniger falsch positive Interaktionspartner liefert, oder aber dass die Interaktionen im bakteriellen System stärker sein müssen als im Hefe-basierten Ansatz. Die Tatsache, dass für alle mit dem bakteriellen Two-Hybrid System detektierten Interaktionspartner die Interaktion auch im Anschluss in der CoIP bestätigt werden konnte, spricht dafür, dass es recht spezifische und valide Ergebnisse liefert. Unter den potentiellen Interaktionspartnern die aufgrund ihrer zu kurzen Aminosäuresequenz nicht näher identifiziert werden konnten, waren auch zwei Sequenzen, die redundant (zwei- bzw. dreimal) detektiert wurden. Dies spricht dafür, dass es sich bei diesen beiden Proteinen durchaus um weitere Interaktionspartner von DZIP1L-myc handeln könnte, die jedoch im Rahmen dieser Arbeit nicht weiterverfolgt wurden.

2 Koimmunopräzipitation und Immunfluoreszenz

Im BacterioMatchII-Two Hybrid-System wurden die Proteine EEF1G, NAGK und PSAP als Interaktionspartner von DZIP1L identifiziert. Diese Interaktionen ließen sich auch jeweils mit dem full-length Proteinen im eukaryotischen System durch die Koimmunopräzipitation, wenn auch nur in eine Richtung, bestätigen.

Nur einseitig positive CoIPs sind durchaus keine ungewöhnliche Beobachtung und können durch eine Vielzahl von Ursachen bedingt sein. Unter anderem ist vorstellbar, dass die Interaktion dadurch behindert wird, dass Antikörper A die Zugänglichkeit der Bindestelle einschränkt, wohingegen Antikörper B keine Behinderung verursacht. Desweiteren könnte ein Protein sehr speziell an das andere binden, wohingegen das andere ein breiteres Spektrum an Interaktionspartnern besitzt und somit die Bindung des einen unwahrscheinlicher wird und eventuell unter die Nachweisgrenze fällt (Dickson und Mendenhall, 2004). Außerdem können die Bindungskräfte der Proteine stark variieren (Sheng und Sala, 2001). Demnach ist möglich, dass DZIP1L-myc nicht indirekt über EEF1G-HA, NAGK-HA und PSAP-HA nachgewiesen werden konnte, da der anti-HA-Antikörper die Bindung von DZIP1L-myc an das jeweilige Protein durch die Bindung an das HA-tag stört, wohingegen der anti-myc-Antikörper die Bindung von EEF1G-HA, NAGK-HA und PSAP-HA an DZIP1L-myc nicht erschwert oder verhindert. Die Tatsache, dass die CoIP in zwei unterschiedlichen Zellsystemen zumindest in einer Richtung erfolgreich war, spricht dafür, dass somit am ehesten von einer *de facto* stattfindenden Interaktion der Proteine *in vivo* ausgegangen werden kann.

Bei der CoIP von PSAP-HA und DZIP1L-myc fiel allerdings auf, dass in COS7-Zellen die indirekte Bindung von PSAP-HA an die Beads stärker war als die direkte. Aufgrund dieses ungewöhnlichen Ergebnisses wurde dieses Experiment mehrere Male mit dem gleichen Ergebnis wiederholt. Da dieses Phänomen in HEK293-Zellen nicht zu beobachten war, kann man davon ausgehen, dass das Ergebnis der CoIP in COS7-Zellen keine besondere Relevanz hat und eventuell auf unspezifische Modifikationen von PSAP-HA in COS7-Zellen zurückzuführen ist.

In den Immunfluoreszenz-Experimenten konnte keine eindeutige Kolokalisation von EEF1G-HA und DZIP1L-myc nachgewiesen werden und auch für NAGK-HA und DZIP1L-myc und PSAP-HA und DZIP1L-myc war der eindeutige Nachweis einer Kolokalisation nicht möglich. Dies könnte dadurch erklärt werden, dass der Zustand von Zellen im Rahmen eines solchen Experimentes nie vollständig mit dem physiologischen Zustand übereinstimmen kann. Zudem sind die transfizierten Proteine stark überexprimiert und die Tags beeinflussen die Lokalisation möglicherweise ebenfalls. Desweiteren handelt es sich bei den IF-Bildern um Momentaufnahmen. Es ist durchaus denkbar, dass zu einem anderen Zeitpunkt im Zellzyklus eine Kolokalisation der beiden jeweiligen Proteine vorliegt.

Obwohl es bekannt ist, dass mIMCD-3-Zellen nicht leicht zu transfizieren sind, wurden sie neben COS7-Zellen als zweite Zelllinie ausgewählt, da es sich bei ihnen um polarisierende Zellen handelt. Dies ist besonders im Hinblick auf die vermutete Rolle von DZIP1L im Rahmen der Ziliopathien von Bedeutung, da polarisierende Zellen in der Lage sind, primäre Zilien zu bilden. In primären Zilien sind viele Rezeptoren entwicklungstypischer Signalwege (z. B. Wnt-Signalweg) exprimiert. Eine besondere Rolle bei der Zystenbildung spielt der nicht-kanonische-Wnt-/„planar cell polarity"- (PCP-) Signalweg (siehe Abbildung V.1). Eine Überexpression von β-Catenin führt im Mausmodell zu Zystenbildung (Saadi-Kheddouci et al., 2001). Dies kann als ein Äquivalent zum kanonischen Wnt-Signalweg betrachtet werden, da in diesem Signalweg der „β-Catenin-destruction"-Komplex inaktiviert und das Level an β-Catenin erhöht ist (siehe Abbildung V.1). Außerdem konnte gezeigt werden, dass der kanonische Wnt-Signalweg in Zystengewebe von ADPKD-Patienten aktiviert ist (Lal et al., 2008). Eine Aufrechterhaltung des PCP-Signalwegs ist also für die Verhinderung von Zystenbildung notwendig.

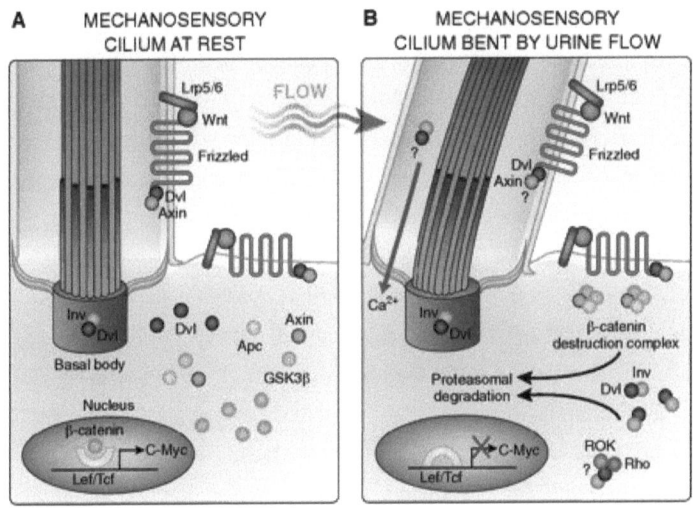

Abbildung V.1: Der PCP-Signalweg (Hildebrandt et al., 2009)

Die Umschaltung vom kanonischen- in den nicht-kanonischen Wnt- bzw. PCP-Signalweg wird durch Inversin vermittelt. (A) Die Bindung eines Liganden an den Frizzled-Rezeptor führt durch die Anwesenheit von Dishevelled (Dvl) zu einer Inaktivierung des „β-Catenin-destruction"-Komplexes. Dies hat erhöhte β-Catenin-Level und eine Hochregulierung der Expression der Zielgene des kanonischen Wnt-Signalwegs zur Folge. (B) Die Stimulierung des primären Ziliums (z. B. durch Urinfluss) führt zu einer erhöhten Expression von Inversin (Inv). In Folge wird das Level an zytoplasmatischem Dvl durch proteasomalen Abbau verringert. Dies ermöglicht die Assemblierung und Aktivierung des „β-Catenin-destruction"-Komplexes und somit das Umschalten auf den PCP-Signalweg.

3 Der Interaktionspartner EEF1G

Im BacterioMatchII-Two Hybrid-System wurden die Aminosäuren 47-391 von EEF1G als Interaktionspartner von DZIP1L-myc identifiziert. Der interagierende Bereich erstreckt sich über einen Teil der GST-N-, die gesamte GST-C- sowie die EF1G-Domäne des Proteins. Die GST-N- und GST-C-Domänen sind notwendig für die Dimerisierung des EEF1-Komplexes, über die Funktion der EF1G-Domäne ist bislang nichts bekannt.
Bei EEF1G handelt es sich um eine Untereinheit des eukaryotischen Elongationsfaktors-1 (EEF1). Dieser besteht insgesamt aus vier Untereinheiten - EEF1A, EEF1B, EEF1D und EEF1G - und ist im Endoplasmatischen Retikulum lokalisiert (Carvalho et al., 1984; Sanders et al., 1996). Er ist essentiell für die Verlängerung der Peptidketten während der Translation (Kim et al., 2007). Seine Aufgabe besteht darin, die geladenen tRNAs zum Ribosom zu transferieren (Lee et al., 2002). Dabei kommt jeder Untereinheit eine spezifische Aufgabe zu. EEF1A ist ein G-Protein, welches die geladene tRNA unter Verbrauch des gebundenen GTPs auf die A-Site des Ribosoms überträgt (Riis et al., 1990). Die Untereinheiten EEF1B und EEF1D fungieren als Nukleotidaustauschfaktoren (Sanders et al., 1993). Die genaue Rolle von EEF1G konnte bislang nicht genau aufgeklärt werden (Corbi et al., 2010). Es gibt Hinweise darauf, dass EEF1G die Nukleotidaustausch-Aktivität von EEF1B zwar stimuliert, aber nicht unbedingt notwendig dafür ist (Le Sourd et al., 2006). Desweiteren wurden einige weitere über die Nukleotidaustausch-Aktivität hinausgehende Funktionen von EEF1G beschrieben, die zum Teil durch spezifische Phosphorylierung durch Proteinkinasen reguliert werden können (Ejiri, 2002). So hat EEF1G unter anderem eine hohe Affinität zu Membran- und Zytoskelettelementen und könnte auf diese Weise die verschiedenen Untereinheiten des eukaryotischen

Elongationsfaktor-1 Komplexes am Zytoskelett verankern (Kim et al., 2007; Hughes et al., 2008). Für EEF1G wurden bislang über 300 weitere Interaktionspartner beschrieben, darunter unter anderem RECQL5, EEF1B2, EEF1D, LZTS1 und HARS. Einer der vermutlich interessantesten Interaktionspartner im Bezug auf die Rolle als Interaktionspartner von DZIP1L ist SnoN (Ski-related novel protein N) (Colland et al., 2004). SnoN ist ein negativer Regulator des TGF1β-Signalwegs (Lou, 2004). Liganden der TGF-β Superfamilie beeinflussen kritische Prozesse während der Organentwicklung wie Zellproliferation, Differenzierung, Determinierung des Zell-Schicksals, Apoptose und Morphogenese, indem sie eine Vielzahl weiterer Signalwege modifizieren (Attisano und Wrana, 2002; Hogan, 1996). Der Signalweg beginnt stets mit der Bindung eines Liganden an einen Rezeptorkomplex an der Zelloberfläche, der aus einem Typ I- und einem Typ II-Rezeptor besteht. Dabei rekrutiert ein Typ II-Rezeptor Dimer ein Typ I-Rezeptor Dimer und sie formen zusammen mit dem Liganden einen hetero-tetramerischen Komplex. Bei den Rezeptoren handelt es sich um Serin/Threonin Kinase-Rezeptoren. Sie besitzen jeweils eine Cystin-reiche extrazelluläre Domäne, eine Transmembrandomäne sowie eine Serin/Threonin-reiche zytoplasmatische Domäne. Die Bindung des Liganden führt zu einer Rotation der Rezeptoren, so dass die zytoplasmatischen Domänen in eine katalytisch günstige Position gelangen. Der Typ II-Rezeptor phosphoryliert nun Serine des Typ I-Rezeptors, der seinerseits eine Gruppe an Transkriptionsfaktoren, die als Smads bezeichnet werden und die Transkription der Zielgene beeinflussen, phosphoryliert (Moustakas et al., 2001). Bislang wurden insgesamt acht Smads identifiziert, die in drei Untergruppen unterteilt werden können: Rezeptor-regulierende Smads (R-Smads), das sogenannte common-Smad (co-Smad; Smad4) und die inhibitorischen Smads (I-Smads). Die R-Smads Smad2 und -3 sind Teil des TGF-β-Signalwegs. Smad4 interagiert mit der phosphorylierten Form eines R-Smads, der Komplex transloziert in den Zellkern und reguliert dort die Transkription. Die I-Smads Smad6- und -7 regulieren den TGF-β-Signalweg negativ, indem sie mit dem aktivierten Typ I-Rezeptor interagieren oder Smad4 daran hindern, einen Komplex mit den aktivierten R-Smads zu bilden (Hayashi et al., 1997; Imamura et al., 1997; Nakao et al., 1997) (siehe Abbildung V.2).

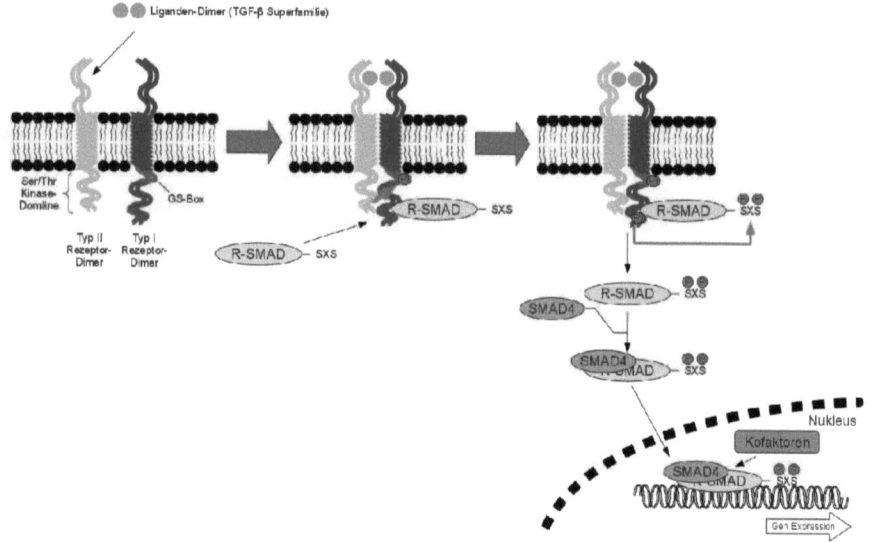

Abbildung V.2: Der TGF-β-/SMAD-Signalweg
Ein Liganden-Dimer der TGF-β Superfamilie bindet an den Typ II-Rezeptor, es folgt die Bindung des Typ I-Rezeptors. Dieser wird durch den Typ II-Rezeptor phosphoryliert und phosphoryliert seinerseits den Rezeptor-SMAD Mediator (R-SMAD). Dieser transloziert zusammen mit SMAD4 in den Kern, wo er als Transkriptionsfaktor wirkt (entnommen aus Esser, 2010).

SnoN interagiert zusammen mit dem Ski-Protein mit dem R-Smad (Smad2/3) und dem co-Smad (Smad4) und blockiert so die Aktivierung der Transkription der TGF-β Zielgene durch den Smad-Komplex (Wu *et al.*, 2002). Bei dem Ski-Protein handelt es sich um ein nukleares Protoonkoprotein, das die Transkription der TGF-β-responsiven Gene reprimiert. Der Name „Ski" stammt vom Sloan-Kettering Institut, wo das Protein zuerst entdeckt wurde. Somit könnte ein hohes Level an SnoN die Zellproliferation fördern (Deheuninck und Luo, 2009). Tatsächlich wurden in vielen humanen Krebs-Zelllinien hohe Level an SnoN beobachtet (Poser *et al.*, 2005; Zhu *et al.*, 2007). Auch in anderen pathologischen Situationen wie Leberschädigungen, wo die Wachstumsinhibierung durch TGF-β unterdrückt wird, ist die SnoN- Expression hochreguliert (Macias-Silva *et al.*, 2002). Im cpk-Mausmodell für rezessive Zystennieren wurde beobachtet, dass im Entwicklungsstadium P10, in dem die Zysten gebildet werden, das Level an Smad1 in der Niere erniedrigt ist. Dies deutet darauf hin, dass ein Fehlen an Smad1 zur Proliferation der Zysten in der Maus beiträgt (Nakamura *et al.*, 1993; Ramsaroop *et al.*, 2004).

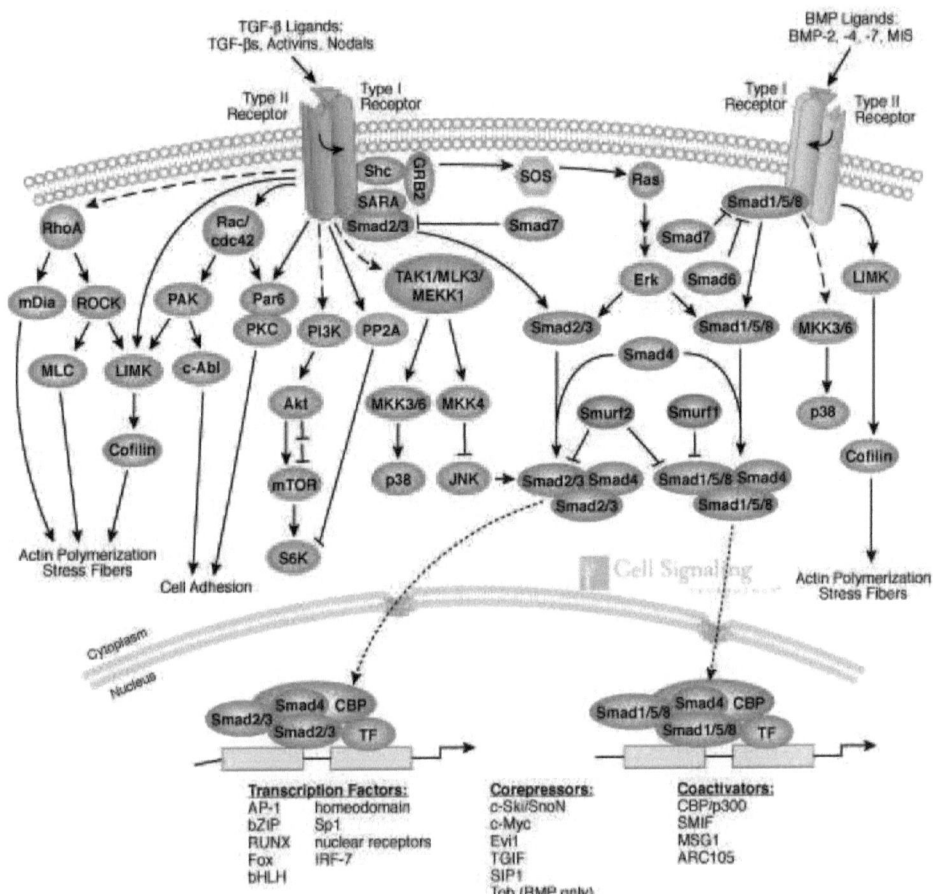

Abbildung V.3: TGF-β- und BMP-Signalweg
(entnommen von http://www.cellsignal.com/reference/pathway/TGF_beta.html)
Im Allgemeinen wird die Signalkaskade durch eine Liganden-induzierte Oligomerisierung von Serin/Threonin-Rezeptor-Kinasen und die Phosphorylierung der zytoplasmatischen Signalmoleküle Smad2 und Smad3 für den TGF-β- bzw. Smad1/5/8 für den BMP-Signalweg, eingeleitet. C-terminale Phosphorylierung der Smads durch die aktivierten Rezeptoren resultiert in der Bindung mit dem Signal-Transducer Smad4 und der Translokation in den Zellkern. Aktivierte Smads regulieren durch die Bindung mit Transkriptionsfaktoren diverse biologische Prozesse, die je nach Zell-Status zu einer spezifischen Modulation der Transkription führen. Der BMP-Signalweg wird auf verschiedenen Ebenen durch den MAPK-Signalweg reguliert, während die Expression der I-Smads (Smad6 und -7) im Rahmen eines negativen Feedback-Loops durch den TGF-β- und den BMP-Signalweg selbst induziert wird. Unter bestimmten Umständen kann der TGF-β-Signalweg auch Smad-unabhängige Signalwege wie den ERK- oder MAPK-Signalweg beeinflussen.

Smad1 ist Teil des „bone morphogenetic protein"-(BMP-) Signalwegs. Dieser ist eng mit dem TGF-β-Signalweg verknüpft (siehe Abbildung V.3).

Diese Beobachtungen lassen den Schluss zu, dass eine Interaktion von DZIP1L mit EEF1G über SnoN einen wichtigen Einfluss auf die Entwicklung und Aufrechterhaltung der Nierenstruktur haben könnte.

4 Der Interaktionspartner NAGK

Im BacterioMatchII-Two-Hybrid System wurden die Aminosäuren 54-344 von NAGK als Interaktionspartner von DZIP1L identifiziert. Der interagierende Bereich umfasst eine FGGY-N-Domäne. Diese nimmt eine Ribonuklease-H-like Faltung ein. Die Funktion dieser Domäne in eukaryotischen Proteinen ist bislang unklar.

Bei NAGK handelt es sich um eine N-Acetylglucosamin-Kinase, die die Phosphorylierung von N-Acetylglucosamin (GlcNAc) zu N-Acetylglucosamin-6-Phosphat (GlcNAc-6-P) katalysiert (Hinderlich et al., 2000). Es spielt eine Rolle sowohl im *de novo*- als auch im Salvage-Pathway der UDP-GlcNAc Biosynthese (Berger et al., 2002). Das Protein ist sowohl im Zellkern als auch im Zytoplasma lokalisiert (Ligos et al., 2002). Im Rahmen eines „Protein Interaction Mappings" konnte nachgewiesen werden, dass es sowohl mit Smad2 als auch mit Smad9 interagiert (Colland et al., 2004). Smad2 und -9 sind R-Smads des zuvor diskutierten SMAD-Signalwegs (Nakao et al., 1997). Darüber hinaus konnten weitere Interaktionspartner identifiziert werden (LNX1, DCP2, CCDC158, STK16, DACH1, NAA38, IKBKB, ULK2, SLC2A4, AMDHD2, CHIA, CHIT1, HEXA, HEXB, GNPNAT1, PGM3, RENBP und MPDZ), die aber bislang nicht als unmittelbar relevant für die nähere Charakterisierung von DZIP1L einzuordnen sind.

Es ist also auch hier denkbar, dass die Interaktion von NAGK-HA mit DZIP1L-myc über Smad2 oder Smad9 Einfluss auf den SMAD-Signalweg und somit das TGF-β-Signaling nimmt.

5 Der Interaktionspartner PSAP

Ein weiterer Interaktionspartner von DZIP1L der mittels BacterioMatchII-Two Hybrid-System ermittelt werden konnte, ist PSAP. In diesem Fall umspannte der interagierende

Bereich die Aminosäuren 406-524. Darin beinhaltet sind die SapB-1- und die SapB-2-Domäne des Saposin D sowie eine SapA-Domäne. SapB-Domänen interagieren normalerweise mit Lipiden, SapA-Domänen sind wahrscheinlich ebenfalls an der Membranbindung beteiligt.

PSAP (Prosaposin) ist das Vorläuferprotein von Saposin A, B, C und D (siehe Abbildung IV.4). Diese sind kleine Glykoproteine, die für den intrazellularen Abbau von Sphingolipiden notwendig sind (Yoneshige et al., 2010). Bei Sphingolipiden handelt es sich um wichtige Bestandteile der Zellmembran, die zur Klasse der polaren Membranlipide gehören. Sie kommen häufig im Nervengewebe vor, wo sie eine wichtige Rolle in der Signaltransduktion und bei der Interaktion einzelner Zellen spielen. Außerdem sind sie an der Regulation elementarer Zellprozesse wie Zellwachstum, Zelldifferenzierung und Apoptose beteiligt und somit unerlässlich für die Zellhomöostase und normale Zellentwicklung. Prosaposin an sich selbst aktiviert mehrere lysosomale Hydrolasen, die am Sphingolipid-Metabolismus beteiligt sind. Es liegt sowohl in Lysosomen als auch als integrales Membranprotein und in der extralzellulären Matrix vor (Kishimoto et al., 1992) und kann demnach als ein multifunktionales Protein betrachtet werden (Misasi et al., 2009). Inaktivierende Mutationen im *PSAP*-Gen können ein Defizit an Prosaposin oder einem der verschiedenen Saposine zur Folge haben, je nachdem wo im Gen sie lokalisiert sind. Dies führt zu einer Akkumulation von nicht abbaubaren Enzymsubstraten und hat verschiedene lysosomale Speicher-Erkrankungen oder Sphingolipidosen zur Folge (Sandhoff et al., 2001). Einige Studien deuten darauf hin, dass auch das Vorläuferprotein Prosaposin im Rahmen des Sphingolipid-Metabolismus eine Rolle bei der Zellproliferation, dem Zellwachstum, dem Überleben der Zelle und der Apoptose spielt (Misasi et al., 2004; Fu et al., 1994). Für PSAP sind bislang mehrere Interaktionspartner bekannt (GHR, SMAD2, SGK223, COPS6, SMAD9, CELSR1, MAFF, ZBED1, CTSD, BRCA1, CD1B, BACE1, GBA, CD1D, PRKAR2A, YWHAZ, GRB2, NUP133, SLC11A2, CFTR, TBC1D25 und C10orf105). Auch für PSAP wurden Interaktionen mit Smad-Proteinen nachgewiesen, wie bei NAGK Smad2 und -9 (Colland et al., 2004). Auch bei diesen beiden Proteinen handelt es sich um R-Smads, die die Expression von Zielgenen aktivieren können. Desweiteren wurde PSAP vor kurzer Zeit als Interaktionspartner von Polyductin beschrieben (Sun et al., 2010). Diese mittels Yeast Two-Hybrid detektierte Interaktion konnte sowohl mit CoIP-Studien als auch mittels GST-Pull down-Assays bestätigt werden. Weiterhin konnte die Arbeitsgruppe nachweisen, dass eine Überexpression von PSAP die Apoptose verringert, wohingegen eine Überexpression von PKHD1 zu einer erhöhten Apoptoserate führt. Dies deckt sich mit der Beobachtung, dass Saposin C, eines der

Produkte von Prosaposin in Prostata-Krebs-Zellen Apoptose verhindert und das Überleben der Zellen unterstützt (Lee et al., 2004). Dies scheint auch bei ADPKD eine Rolle zu spielen (Distefano et al., 2009). Zusammenfassend liegt somit nahe, dass ein Verlust der Funktion von Polyductin durch Mutationen im *PKHD1*-Gen auch zu einem Funktionsverlust von Prosaposin führen könnte, was wiederum zu Apoptose führt (Sun et al., 2010). Möglicherweise hat auch DZIP1L einen ähnlichen Einfluss auf Prosaposin und führt aus diesem Grund zu einem ARPKD-ähnlichen Phänotyp.

6 Erkenntniszugewinn für die Aufklärung der Ursachen von Zystennierenerkrankungen

Ziel der Arbeit war es, durch die Identifizierung und Charakterisierung von Interaktionspartnern von DZIP1L neue Erkenntnisse über den Mechanismus der Entstehung von Zystennierenerkrankungen erlangen zu können. Dabei wurde eine interessante Verbindung zum TGF-β-Signalweg deutlich. Jedes der als Interaktionspartner identifizierten Proteine hat seinerseits wiederum mindestens einen Interaktionspartner, der direkt an diesem Signalweg beteiligt ist. Bislang war nur bekannt, dass der TGF-β-Signalweg eine Rolle bei der Entstehung der Leberfibrose spielt, die eine obligate extrarenale Manifestation der ARPKD ist. Die Ergebnisse dieser Arbeit liefern nun eine weitere Verbindung des TGF-β-Signalweges zu Zystennierenerkrankungen. Inwiefern DZIP1L direkt in diesen Signalweg eingreift, bleibt in weiteren Studien zu klären.

VI Literaturverzeichnis

Attisano L. and Wrana J. (2002). Signal transduction by the TGF-β superfamily. *Science* 296, 1646-1647.

Badano J.L., Kim J. C., Hoskins B. E., Lewis R. A., Ansley S.J., Cutler D. J., Castellan C., Beales P.L., Leroux M.R. and Katsanis N. (2003). Heterozygous mutations in BBS1, BBS2 and BBS6 have a potential epistatic effect on Bardet-Biedl patients with two mutations at a second BBS locus. *Hum. Mol. Genet.* 12, 1651-1659.

Badano J. L., Mitsuma N., Beales P. L. and Katsanis N. (2006). The ciliopathies: an emerging class of human genetic disorders. *Annu. Rev. Genomics Hum. Genet.* 7, 125–148.

Beales P. L. (2005). Lifting the lid on Pandora´s box: the Bardet-Biedl syndrome. *Curr. Opin. Genet. Dev.* 15, 315-323.

Berger M., Chen H., Reutter W. and Hinderlich S. (2002). Structure and function of N-acetylglucosamin kinase:Identification oft wo active site cysteines. *Eur. J. Biochem.* 269, 4212-4218.

Bergmann C. (2011). Educational paper: Ciliopathies. *Eur. J. Pediatr.* Epub Sep 2011.

Bergmann C., Frank V., Küpper F., Schmidt C., Senderek J. and Zerres K. (2006). Functional analysis of PKHD1 splicing in autosomal recessive polycystic kidney disease. *J. Hum. Genet.* 51, 788-793.

Bergmann C., Ortiz Brüchle N., Frank V., von Bothmer J. and Zerres K. (2009). Early and severe disease manifestation in autosomal dominant polycystic kidney disease (ADPKD). *Medgen.* 62: W1 01.

Bergmann C., Senderek J., Sedlacek B., Pegiazoglou I., Puglia P., Eggermann T., Rudnik-Schöneborn S., Furu L., Onuchic L.F., Baca M.D., Germino G.G., Guay-Woodford L., Somlo S., Moser M., Büttner R. and Zerres K. (2003). Spectrum of mutations in the gene for autosomal recessive polycystic kidney disease (arpkd/pkhd1). *J. Am. Soc. Nephrol.* 14(1), 76–89.

Bergmann C., Senderek J., Windelen E., Küpper F., Middeldorf I., Schneider F., Dornia C., Rudnik-Schöneborn S., Konrad M., Schmitt C.P., Seeman T., Neuhaus T.J., Vester U., Kirfel J., Büttner R., Zerres K. and the Arbeitsgemeinschaft für Pädiatrische Nephrologie (2005). Clinical consequences of pkhd1 mutations in 164 patients with autosomal-recessive polycystic kidney disease (arpkd). *Kidney In.t* 67(3), 829–848.

Bisgrove B. W. and Yost H. J. (2006). The roles of cilia in developmental disorders and disease. *Development* 133(21), 4131–4143.

Bogdanova N., Markoff A., Gerke V., McCluskey M., Horst J. and Dworniczak B. (2001). Homologues to the first gene for autosomal dominant polycystic kidney disease are pseudogenes. *Genomics* Jun 15;74(3), 333.341.

Bradford M. M. (1976). A rapid and sensitive method for the quantitation of Microgram quantities of protein utilizing the principle of protein-dye binding. *Anal. Biochem.* 72, 248–54.

Burnette W. N. (1981). "western blotting": electrophoretic transfer of proteins from sodium dodecyl sulfate-polyacrylamide gels to unmodified nitrocellulose and radiographic detection with antibody and radioiodinated protein. *A. Anal. Biochem.* 112, 195-203.

Carvalho M. G., Carvalho J. F. and Merrick W. C. (1984). Purification of various forms of elongation factor 1 from rabbit reticulocytes. *Arch. Biochem. Biophys.* 234, 603-611.

Chesnoy S. and Huang L. (2000). Structure and function of lipid-dna complexes for Gene delivery. *Annual Review of Biophysical Biomolecular Structure* 29, 27–47.

Christensen S. T., Pedersen L. B., Schneider L. and Satir P. (2007). Sensory cilia and integration of signal transduction in human health and disease. *Traffic* 8(2), 97-109.

Coffman T.M. (2002). Another cystic mystery solved. *Nat. Genet.* 30:247-248.

Colland F., Jacq X., Trouplin V., Mougin C., Groizeleau C., Hamburger A., Meil A., Wojcik J., Legrain P. and Gauthier J.M. (2004). Functional Proteomics Mapping of a Human Signaling Pathway. *Genome Res.* 14(7), 1324–1332.

Corbi N., Batassa E. M., Pisani C., Onori A., Di Certo M.G.; Strimpakos G., Fanciulli M., Mattei E. and Passananti C. (2010). The eEF1γ Subunit Contacts RNA Polymerase II and Binds Vimentin Promotor Region. *PLoS one* 5(12), e14481.

Deheuninck J. and Lu K. (2009). Ski and SnoN, potent negative regulators of TGF-β signaling. *Cell Res.* 19, 47–57.

Deltas C.C. (2001). Mutations of the human polycystic kidney disease 2 (pkd2) gene. *Hum. Mutat.* 18(1), 13–24.

Dickson R. C. and Mendenhall M. D. (2004). *Signal transduction protocols.* Totowa, New Jersey, Humana Press Inc.

Distefano G., Boca M., Rowe I., Wodarczyk C., Ma L., Piontek K. B., Germino G.G., Pandolfi P.P. and Boletta A. (2009). Polycystin-1 regulates extracellular signal-regulated kinase-dependent phosphorylation of tuberin to control cell size through mTOR and its downstream effectors S6K and 4EBP1. *Mol. Cell Biol.* 29(9), 2359-71.

Dudziak K., Mottalebi N., Senkel S., Edghill E.L., Rosengarten S., Roose M., Bingham C., Ellard S. and Ryffel G.U. (2008). Transcription factor HNF1beta and novel partners affect nephrogenesis. *Kidney Int.* 74(2), 210-7.

Ejiri S. (2002). Moonlighting functions of polypeptide elongation factor 1: from actin bundling to zinc finger protein R1-associated nuclear localization. *Biosci. Biotechnol. Biochem.* 66, 1-21.

Esser M. (2010). Charakterisierung des BMP-7 Signalwegs und der TGF-β1/BMP-7

Wechselwirkungen in Myofibroblasten-ähnlichen Zellen. RWTH Aachen.

Essner J. J., Amack J. D., Nyholm M. K., Harris E. B. and Yost H. J. (2005). Kupffer´s vesicle is a ciliated organ of asymmetry in the zebrafish embryo that initiates left-right development of the brain, heart and gut. *Development* 132, 1247-1260.

Fencl F., Janda J., Bláhová K., Hríbal Z., Stekrová J., Puchmajerová A. and Seeman T. (2009). Genotype-phenotype correlation in children with autosomal dominant polycystic kidney disease. *Pediatr. Nephrol.* 24(5), 983-9.

Fliegauf M, Benzing T. and Omran H. (2007). When cilia go bad: cilia defects and ciliopathies. *Nat. Rev. Mol. Cell Biol.* 8, 880-893.

Follit J. A., Li L., Vucica Y. and Pazour G. J. (2010). The cytoplasmic tail of fibrocystin contains a ciliary targeting sequence. *J. Cell Biol.* 188(1), 21-28.

Fu Q., Carson G. S., Hiraiwa M., Grafe M., Kishimoto Y. and O'Brien J. S. (1994). Occurrence of prosaposin as a neuronal surface membrane component. *J. Mol. Neurosci.* 5(1), 59-67.

Garcia-Gonzalez M.A. and Germino G.G. (2008). Genetic Interaction Studies Link Autosomal Dominant And Recessive Kidney Disease In A Common Pathway. *Hum. Mol. Genet.* 16(16), 1940-1950.

Glazer A., Wilkinson A., Backer C.B., Lapan S., Gutzmann J.H., Cheeseman I.M. and Reddien P.W. (2010). The Zn Finger protein Iguana impacts Hedgehog signaling by promoting ciliogenesis. *Dev. Biol.* Jan 1;337(1), 148-156.

González-Perrett S., Kim K., Ibarra C., Damiano A.E., Zotta E., Batelli M., Harris P.C., Reisin I.L., Armaout A.M. and Cantiello H.F. (2001). Polycystin-2, the protein mutated in autosomal dominant polycystic kidney disease (ADPKD), is a Ca^{2+}-permeable nonselective cation channel. *Proc. Natl. Acad. Sci. U.S.A.* 98(3), 1182-1187.

Guay-Woodford L. M. and Desmond R. A. (2003). Autosomal recessive polycystic kidney disease: the clinical experience in North America. *Pediatrics* 111, 1072-1080.

Han Y. G., Kim H. J., Dlugosz A. A., Ellison D. W., Gilbertson R. J., Alvarez-Buylla A. (2009). Dual and opposing roles of primary cilia in medulloblastoma development. *Nat. Med.* 15(9), 1062-1065.

Harris P.C. and Torres V.E. (2009). Polycystic Kidney Disease. *Annu. Rev. Med.* 60, 321-337.

Hayashi H., Abdollah S., Qiu Y., Cai J., Xu Y.Y., Grinnell B., Richardson M., Topper J., Gimbrone M., Wrana J. and Falb D. (1997). The MAD-related protein Smad7 associates with the TGFβ receptor and functions as an antagonist of TGF-β signaling. *Cell* 89, 1165-1173.

Hermann B., Alfer J., Fischedick K., Stojanovic-Dedic A., Rudnik-Schöneborn

S., Büttner R. and Zerres K. (2003). Pathologie und Genetik hereditärer Zystennieren. *Der Pathologe* 24, 410-420.

Hiesberger, T., Gourley, E., Erickson, A., Koulen, P., Ward, C. J., Masyuk, T. V., Larusso, N.F., Harris, P.C. and Igarashi, P. J. (2006). Proteolytic cleavage and nuclear translocation of fibrocystin is regulated by intracellular ca2+ and activation of protein kinase c. *J. Biol. Chem.* 281, 34357-34364.

Hildebrandt F., Attanasio M. and Otto E. (2009). Nephronophthisis: Disease Mechanisms of a Ciliopathy. *J. Am. Soc. Nephrol.* 20(1), 23-35.

Hinderlich S., Berger M., Schwarzkopf M., Effertz K. and Reutter W. (2000). Molecular cloning and characterization of murine and human N-acytylglucosamin kinase. *Eur. J. Biochem.* 267, 3301-3308.

Hogan B. (1996). Bone morphogenetic proteins: multifunctional regulators of vertebrate development. *Genes Dev.* 10, 1580-1594.

Hughes J. R., Meireles A. M., Fisher K. H., Garcia A., Antrobus P. R., Wainman A., Zitzmann N., Deane C., Ohkura H. and Wakefield J.G. (2008). A microtubule interactome: complexes with roles in cell cycle and mitosis. *PLoS Biol.* 6, 785-795.

Hughes J., Ward C. J., Peral B., Aspinwall R., Clark K., Millán J.L.S., Gamble V. and Harris P.C. (1995). The polycystic kidney disease 1 (pkd1) gene encodes a novel protein with multiple cell recognition domains. *Nat. Genet.* 10(2), 151–160.

Imamura T., Takase M., Nishihara A., Oeda E., Hanai J., Kawabata M. and Miyazono K. (1997). Smad6 inhibits signalling by the TGF-β superfamily. *Nature* 389, 623-626.

Kaplan B. S., Fay J., Shah V., Dillon M. J. and Barratt T. M. (1989). Autosomal recessive polycystic kidney disease. *Pediatr. Nephrol.* 3, 43-49.

Kim I., Fu Y., Hui K., Moeckel G., Mai W., Li C., Liang D., Zhao P., Ma J., Chen X. Z., George A.L., Coffey R.J., Feng Z.P. and Wu G. (2008). Fibrocystin/polyductin modulates renal tubular formation by regulating polycystin-2 expression and function. *J. Am. Soc. Nephrol.* 19(3), 455–468.

Kim S., Kellner J., Lee C.H. and Coulombe P.A. (2007). Interaction between the keratin cytoskeleton and eEF1Bgamma affects protein synthesis in epithelial cells. *Nat. Struct. Mol. Biol.* 14, 982-983.

Kim H. R., Richardson J., van Eeden F. and Ingham P. W. (2010). Gli2a protein localization reveals a role for Iguana/DZIP1 in primary cilogenesis and a dependence of Hedgehog signal transduction on primary cilia in the zebrafish. *BMC Biology* 8, 65.

Kishimoto Y., Hiraiwa M. and O'Brien J.S. (1992). Saposin: structure, function, distribution, and molecular genetics. *J. Lipid Res.* 33(9), 1255-1267.

Köttgen M., Buchholz B., Garcia-Gonzalez M.A., Kotsis F., Fu, X., Doerken

M., Steffl, D., Tauber, R., Wegierski, T., Suzuki, M., Kramer-Zucker, A., Germino, G.G., Watnick, T., Prenen, J., Nilius B., Kuehn, E.W. and Walz, G. (2008). TRPP2 and TRPV4 form a polymodal sensory channel complex. *J. Cell Biol.* 182(3):437-47.

Kramer-Zucker A. G., Olale F., Haycraft C. J., Yoder B.K., Schier A.F. and Drummond I.A. (2005). Cilia-driven fluid flow in the zebrafish pronephros, brain and Kupffer's vesicle is required for normal organogenesis. *Development* 132, 1907-1921.

Laemmli U.K. (1970). Cleavage of structural proteins during the assembly of The head of bacteriophage t4. *Nature* 227(5259), 680–685.

Lal M., Song X., Pluznick J. L., Di Giovanni V., Merrick D. M., Rosenblum N. D., Chauvet V. Gottardi C.J., Pei Y. and Caplan M. J. (2008). Polycystin-1 C-terminal tail associates with beta-catenin and inhibits canonical Wnt signaling. *Hum. Mol. Genet.*15;17(20), 3105-17.

Lee J. S., Park S. G., Park H., Seol W., Lee S. and Kim S. (2002). Interaction Network of Human Aminoacyl-tRNA Synthetases and Subunits of Elongation Factor 1 Complex. *Biochem. Biophys. Res. Commun.* 291(1), 158-64.

Lee T. J., Sartor O., Luftig R. B. and Koochekpour S. (2004). Saposin C promotes survival and prevents apoptosis via PI3K/Akt-dependent pathway in prostate cancer cells. *Mol. Cancer* 17;3:31.

Le Sourd F., BoulbenS., Le Bouffant R., Cormier P., Morales J., Belle R. and Mulner-Lorillon O. (2006). eEF1B: At the dawn of the 21st century. *Biochim. Biophys. Acta.* 1759(1-2), 13-31.

Ligos J. M., de Lera T.L., Hinderlich S., Guinea B., Sanchez L., Roca R., Valencia A. and Bernad A. (2002). Functional interaction between the Ser/Thr kinase PKL12 and N-acetylglucosamine kinase, a prominent enzyme implicated in the salvage pathway for GlcNAc recycling. *J. Biol. Chem.* 277(8), 6333-6343.

Losekoot M., Haarloo C., Ruivenkamp C., White S. J., Breuning M.H. and Peters D.J. (2005). Analysis of missense variants in the PKHD1-gene in patients with autosomal recessive polycystic kidney disease (ARPKD). *Hum. Genet.* 118(2), 185-206.

Macias-Silva M., Li W., Leu J. I., Crissey M. A., and Taub R. (2002). Up-regulated transcriptional repressors SnoN and Ski bind Smad proteins to antagonize transforming growth factor-beta signals during liver regeneration. *J. Biol. Chem.* 277, 28483–28490.

Misasi R., Garofalo T., Di Marzio L., Mattei V., Gizzi C., Hiraiwa M., Pavan A., Grazia Cifone M. and Sorice M. (2004). Prosaposin: a new player in cell death prevention of U937 monocytic cells. *Exp. Cell. Res.* 1;298(1):38-47.

Misasi R., Hozumi I., Inuzuka T., Capozzi A., Mattei V., Kuramoto Y.,Shimeno H., Soeda S., Azuma N., Yamauchi T. and Hiraiwa M. (2009). Biochemistry and neurobiology of prosaposin: a potential therapeutic neuro-effector. *Cent. Nerv. Syst. Agents. Med. Chem.* 9(2):119-31.

Menezes L.F.C., Cai Y., Nagasawa Y., Silva A.M., Watkins M.L., Da Silva A.M., Somlo S., Guay-Woodford L.M., Germino G.G. and Onuchic L.F. (2004). Polyductin, the PKHD1 gene product, comprises isoforms expressed in plasma membrane, primary cilium, and cytoplasm. Kidney Int. 66, 1345-1355.

Menezes L. F. and Onuchic L. F. (2006). Molecular and cellular pathogenesis of autosomal recessive polycystic kidney disease. Braz. J. Med. Biol. Res. 39, 1537-1548.

Mochizuki T., Wu G., Hayashi T., X enophontos S. L., Veldhuisen B., Saris J. J., Reynolds D.M., Cai Y., Gabow P.A., Pierides A., Kimberling W.J., Breuning M.H., Deltas C.C., Peters D.J. and Somlo S. (1996). Pkd2, a gene for polycystic kidney disease that encodes an integral membrane protein. Science 272(5266), 1339–1342.

Moustakas A., Souchelnytskyi S. and Heldin C. H. (2001). Smad regulation in TGF-β signal transduction. J. Cell Sci. 114, 4359-4369.

Mullis K., Faloona F., Scharf S., Saiki R., Horn G. and Erlich H. (1986). Spezific enzymatic amplification of DNA in vitro: the polymerase chain reaction. Cold Spring Harb. Symp. Quant. Biol. 51(1), 263-273.

Nakamura T., Ebihara I., Nagaoka I., Tomino Y., Nagao S., Takahashi H. and Koide H. (1993). Growth factor gene expression in kidney of murine polycystic kidney disease. J. Am. Soc. Nephrol. 3, 1378-1386.

Nakao A., Afrakhte M., Moren A., Nakayama T., Christian J., Heuchel R., Itoh S., Kawabata M., Heldin N.E., Heldin C.H. and ten Dijke P. (1997). Identification of Smad7, a TGF β-inducible antagonist of TGF-β signalling. Nature 389, 631-635.

Onuchic L. F., Furu L., Nagasawa Y., Hou X., Eggermann T., Ren Z., Bergmann C., Senderek J., Esquivel E., Zeltner R., Rudnik-Schöneborn S., Mrug M., Sweeney W., Avner E.D., Zerres K., Guay-Woodford L.M., Somlo S. and Germino G.G. (2002). Pkhd1, the polycystic kidney and hepatic disease 1 gene, encodes a novel large protein containing multiple immunoglobulin-like plexin-transcription-factor domains and parallel beta-helix 1 repeats. Am. J. Hum. Genet. 70(5), 1305–1317.

Osathanondh V. and Potter E. L. (1964). Pathogenesis of polycystic kidneys. historical survey. Arch. Pathol. 77, 459-465.

Pandur E., Nagy J., Poór V. S., Sarnyai A., Huszár A., Miseta A. and Sipos K. (2009). Alpha-1 antitrypsin binds preprohepcidin intracellularly and prohepcidin in the serum. FEBS J. 276(7), 2012-21.

Pazour G.J., Dickert B.L., Vucica Y., Seeley E.S., Rosenbaum J.L., Witman G.B. and Cole D.G. (2000). Chlamydomonas IFT88 and its mouse homologue, polycystic kidney disease gene tg737, are required for assembly of cilia and flagella. J. Cell Biol. 151, 709-718.

Pei Y., Paterson A. D., Wang K. R., He N., Hefferton D., Watnick T., Germino

G.G., Parfrey P., Somlo S. and George-Hyslop P.S. (2001). Bilineal disease and trans-heterozygotes in autosomal dominant polycystic kidney disease. *Am. J. Hum. Genet.* 68(2), 355–363.

Poser I., Rothhammer T., Dooley S., Weiskirchen R. and Bosserhoff A.K. (2005). Characterization of Sno expression in malignant melanoma. *Int. J. Oncol.* 26, 1411–1417.

Praetorius H. A. and Spring K. R. (2001). Bending the MDCK cell primary cilium increases intracellular calcium. *J. Membr. Biol.* 184, 71-79.

Praetorius H.A. and Spring K.R. (2005). A physiological view of the primary cilium. *Annu. Rev. Physiol.* 67, 515-529.

Ramsaroop D. M. and Rosenblum N. M. (2004). Regulation of SMAD Activity in Murine Polycystic Kidney Disease. *Developmental & Perinatal Biology* P9.

Riis B., Rattan S. I., Clark B. F. and Merrick W. C. (1990). Eukaryotic protein elongation factors. *Trends Biochem. Sci.* 15; 420-424.

Rossetti S. and Harris P. C. (2007). Genotype-phenotype correlations in autosomal dominant and autosomal recessive polycystic kidney disease. *J. Am. Soc. Nephrol.* 18(5), 1374–1380.

Rossetti S., Kubly V. J., Consugar M. B., Hopp K., Roy S., Horsley S. W., Chauveau D., Rees L., Barratt T.M., van't Hoff W.G., Niaudet P., Torres V.E. and Harris P.C. (2009). Incompletely penetrant PKD1 alleles suggest a role for gene dosage in cyst initiation in polycystic kidney disease. *Kidney Int.* Apr; 75(8), 848-855.

Rossetti S., Strmecki L., Gamble V., Burton S., Sneddon V., Peral B., Roy S., Bakkaloglu A., Komel R., Winearls C.G. and Harris P.C. (2001). Mutation analysis of the entire pkd1 gene: genetic and diagnostic implications. *Am. J. Hum. Genet.* 68(1), 46–63.

Roy S., Dillon M. J., Trompeter R. S. and Barratt T. M. (1997). Autosomal recessive polycystic kidney disease: long-term outcome of neonatal survivors. *Pediatr. Nephrol.* 11, 302-306.

Saadi-Keddouci S., Berrebi D., Romagnolo B., Cluzeaud F., Pauchmaur M., Kahn A., Vandewalle A. and Perret C. (2001). Early development of polycystic kidney disease in transgenic mice expressin an activated mutant of the β-catenin gene. *Oncogene* 20, 5972-5981.

Sanders J., Brandsma M., Janssen G. M. C., Dijk J. and Möller W. (1996). Immunfluorescence studies of human fibroblasts demonstrate the presence of the complex of elongation factor-1βγδ in the endoplasmatic reticulum. *J. Cell Sci.* 109, 1113-1117.

Sanders J., Raggiaschi R., Morales J. and Moller W. (1993). The human leucine zipper-containing guanine-nucleotide exchange protein elongation factor-1 delta. *Biochim. Biophys. Acta* 1174, 87-90.

Sandhoff K., Kolter T. and Harzer K. (2001). Sphingolipid activator proteins. *In The Metabolic and Molecular Basis of Inherited Disease*, 8th Edition (C.R. Scriver, A.L. Beaudet, W.S. Sly and D. Valle, eds), 3371-3388. McGraw-Hill, New York.

Sanger F., Nicklen S. and Coulson A. R. (1977). Dna sequencing with chain-terminating inhibitors. *Proc. Natl. Acad. Sci. U.S.A.* 74(12), 5463–7.

Satir P., Pedersen L. B. and Christensen S. T. (2010). The primary cilium at a glance. *J. Cell Sci.* 123, 499-503.

Schneider M. C., Rodriguez A. M., Nomura H., Zhou J., Morton C. C., Reeders S.T. and Weremowicz S. (1996). A gene similar to pkd1 maps to chromosome 4q22: a candidate gene for pkd2. *Genomics* 38(1), 1–4.

Sekimizu K., Nishioka N., Sasaki H., Takeda H., Karlstrom R. O. and Kawakami A. (2004). The zebrafish iguana locus encodes dzip1, a novel zinc-finger protein required for proper regulation of hedgehog signaling. *Development* 131(11), 2521–2532.

Sessa A., Ghiggeri G. M. and Turco A. E. (1997). Autosomal dominant polycystic kidney disease: clinical and genetic aspects. *J. Nephrol.* 10(6), 295-310.

Sharp A.M., Messiaen L.M., Page G., Antignac C., Gubler M.C., Onuchic L.F., Somlo S., Germino G.G., and Guay-Woodford L.M. (2005). Comprehensive genomic analysis of PKHD1 mutations in ARPKD cohorts. *J. Med. Genet.* 42, 336-349.

Sheng M and Sala C. (2001). PDZ Domains and the Organization of Supramolecular Complexes. *Annu. Rev. Neurosci.* 24, 1-29.

Singla V. and Reiter J. F. (2006). The primary cilium as the cell's antenna: signaling at a sensory organelle. *Science* 313(5787), 629–633.

Steffens J., Langen P. H. and Zerres K. (1998). Zystische Nierenerkrankungen. *Der Urologe* 38, 55-65.

Sun L., Wang S., Hu C. and Zhang X. (2010). Regulation of cell proliferation and apoptosis through fibrocystin-prosaposin interaction. *Arch. Biochem. Biophys.* 502, 130-136.

Tay S. Y., Yu X., Wong K. N., Panse P., Ng C. P. and Roy S. (2010). The Iguana/DZIP Protein Is a Novel Component of the Ciliogenic Pathway Essential for Axonemal Biogenesis. *Dev. Dyn.* 239, 527-534.

Torra R., Badenas C., Darnell A., Nicolau C., Volpini V., Revert L. and Estivill X. (1996). Linkage, Clinical Features, and Prognosis of Autosomal Dominant Polycystic Kidney Disease Types 1 and 2. *J. Am. Soc. Nephrol.* 7, 2142-2151.

Torres, V. E., Harris, P. C. and Pirson, Y. (2007). Autosomal dominant polycystic kidney disease. *Lancet* 369, 1287-1301.

Veland, I. R., Awan, A., Pedersen, L. B., Yoder, B. K. and Christensen, S. T. (2009).

Primary Cilia and Signaling Pathways in Mammalian Development, Health and Disease. *Nephron. Physiol.* 111, 39-53.

Wang S., Luo Y., Wilson P. D., Witman G. B. and Zhou J. (2004). The autosomal recessive polycystic kidney disease protein is localized to primary cilia, with concentration in the basal body area. *J. Am. Soc. Nephrol.* (2004) 15: pp. 592-602.

Ward C. J., Hogan M. C., Rossetti, S., Walker D., Sneddon T., Wang X., Kubly V., Cunningham J. M. Bacallao R., Ishibashi M., Milliner D. S., Torres V. E. and Harris P. C. (2002). The gene mutated in autosomal recessive polycystic kidney disease encodes a large, receptor-like protein. *Nat. Genet.* 30, 259-269.

Ward C., Peral B., Hughes J., Thomas S., Gamble V., MacCarthy A., Sloanestanley J., Buckle V., Kearney L., Higgs D., Ratcliffe P., Harris P., Roelfsema J., Spruit L., Saris J., Dauwerse H., Peters D., Breuning M., Nellist M., Brookcarter P., Maheshwar M.M. and Cordeiro I., Santos H., Cabral P., Sampson J., Janssen B., Hesselingjanssen A., Vandenouweland A., Eussen B., Verhoef S., Lindhout D. and Halley D. (1994). The polycystic kidney-disease-1 gene encodes a 14-kb transcript and lies within a duplicated region on chromosome-16. *Cell* 77(6), 881–894, ISSN 0092-8674.

Ward C.J., Yuan D., Masyuk T.V., Wang X., Punyashthiti R., Whelan S., Bacallao R., Torra R., LaRusso N.F., Torres V.E., and Harris P.C. (2003). Cellular and subcellular localization of the ARPKD protein; fibrocystin is expressed on primary cilia. *Hum. Mol. Genet.* 12, 2703-2710.

Winyard P. and Jenkins D. (2011). Putative roles of cilia in polycystic kidney disease. *Biochim. Biophys. Acta* 1812, 1256-1262.

Wong S. Y., Seol A. D., So P. L., Ermilov A. N., Bichakjian C. K., Epstein E. H. Jr., Dlugosz A.A. and Reiter J.F. (2009). Primary cilia can both mediate and supress Hedgehog pathway-dependent tumorigenesis. *Nat. Med.* 15(9), 1055-1061.

Wolff C., Roy S., Lewis K. E., Schauerte H., Joerg-Rauch G., Kirn A., Weiler C., Geisler R., Haffter P. and Ingham P.W. (2004). *Iguana* encodes a novel zinc-finger protein with coiled-coil domains essential for Hedgehog signal transduction in the zebrafish embryo. *Genes Dev.* Jul 1;18(13), 1565-1576.

Wu J. W., Krawitz A. R., Chai J., Li W., Zhang F., Luo K. and Shi Y. (2002). Structural mechanism of Smad4 recognition by the nuclear oncoprotein Ski: insights on Ski-mediated repression of TGF-beta signaling. *Cell* 111, 357–367.

Yoder B. K., Hou X. and Guay-Woodford L. M. (2002). The Polycystic Kidney Disease Proteins, Polycystin-1, Polycystin-2, Polaris and Cystin, Are Co-Localized in Renal Cilia. *J. Am. Soc. Nephrol.* 13, 2508-2516.

Yoneshige A., Suzuki K., Suzuki K. and Matsuda J. (2010). A Mutation in the Saposin C Domain of the Sphingolipid Activator Protein (Prosaposin) Gene Causes Neurodegenerative Disease in Mice. *J. Neurosci. Res.* 88, 2118-2134.

Zerres K., Hansmann M., Knöpfle G. and Stephan M. (1985). Prenatal diagnosis of genetically determined early manifestation of autosomal dominant polycystic kidney disease? *Hum. Genet.* 71(4), 368–369.

Zerres K., Mücher G., Bachner L., Deschennesn G., Eggermann T., Kaariainen H., Knapp M., Lennert T., Misselwitz J., Mühlendahl K.E.V., Neumann H.P.H., Pirson Y., Rudnik-Schöneborn S., Steinbicker V., Wirth B. and Schärer K. **(1994).** Mapping oft he gene for autosomal recessive polycystic kidney disease (ARPKD) to chromosome 6p21-cen. *Nat. Genet.* 7, 429-432.

Zerres K, Rudnik-Schöneborn S., Senderek J., Eggermann T. and Bergmann C. **(2003).** Autosomal recessive polycystic kidney disease (arpkd). *J. Nephrol.* 16(3), 453–458.

Zerres K., Rudnik-Schöneborn S., Steinkamm C., Becker J. and Mücher G. **(1998).** Autosomal recessive polycystic kidney disease. *J. Mol. Med.* 76(5), 303–309.

Zerres K., Rudnik-Schöneborn S., Steinkamm C. and Mücher G. **(1996).** Autosomal recessive polycystic kidney disease. *Nephrol. Dial. Transplant.* 11 Suppl 6, 29–33.

Zhang M., Mai W., Li C., Cho S. Y., Hao C., Moeckel G., Zhao R., Kim I., Wang J., Xiong H., Wang H., Sato Y., Wu Y., Nakanuma Y., Lilova M., Pei Y., Harris R.C., Li S., Coffey R.J., Sun L., Wu D., Chen X.Z., Breyer M.D., Zhao Z.J., McKanna J.A., Wu G. **(2004).** *PKHD1* protein encoded by the gene for autosomal recessive polycystic kidney disease associates with basal bodies and primary cilia in renal epithelial cells. *Proc. Natl. Acad. Sci. U.S.A.* 101, 2311-2316.

Zhou J. **(2009).** Polycystins and Primary Cilia: Primers for Cell Cycle Progression. *Annu. Rev. Physiol.* 71, 83-113.

Zhu Q., Krakowski A. R., Dunham E. E., Wang L., Bandyopadhyay A., Berdeaux R., Martin G.S., Sun L. and Luo K. **(2007).** Dual role of SnoN in mammalian tumorigenesis. *Mol. Cell Biol.* 27, 324–339.

Danksagung

Mein besonderer Dank gilt Prof. Dr. med. C. B., für die fachliche Anleitung und die kompetente Betreuung. Zudem gilt ihm mein Dank für eine ausgesprochen lehrreiche Zeit innerhalb seiner Arbeitsgruppe und das mir entgegengebrachte Vertrauen.

Univ.-Prof. Dr. rer. nat J. B. möchte ich für die freundliche Übernahme des Koreferates und das Interesse an meiner Arbeit danken.

Bei Univ.-Prof. Dr. med. K. P. Z. bedanke ich mich für die Möglichkeit, die vorliegende Arbeit am Institut für Humangenetik anfertigen zu können.

TÄ N. O. B. danke ich für die vielen guten Ratschläge, dafür dass sie immer Zeit für mich hatte und für das Mittags-Quiz.

A. V., M. B., S. S. und V. F. danke ich dafür, dass sie mir mit Rat und Tat zur Seite gestanden und die Mittagspause und zahlreiche Social-Network-Events bereichert haben.

Allen Mitarbeitern des Instituts für Humangenetik danke ich für die humorvolle, angenehme und freundliche Arbeitsatmosphäre und Unterstützung.

Mein ganz besonderer Dank gilt meinen Eltern Catrin und Reymund von Bothmer, die mir diese Ausbildung ermöglicht haben und mich jederzeit uneingeschränkt unterstützt haben, sowie meinen Schwestern und gleichzeitig besten Freundinnen Anika und Carina dafür, dass sie immer für mich da waren, egal wie früh ich auch los wollte. 1.000.000 für uns, 0 für die Welt!

Mein letzter und innigster Dank gilt meinem Lebensgefährten Sebastian Horak, er teilt meine besten und schlimmsten Zeiten. Du bist der Beste!

i want morebooks!

Buy your books fast and straightforward online - at one of world's fastest growing online book stores! Environmentally sound due to Print-on-Demand technologies.

Buy your books online at
www.get-morebooks.com

Kaufen Sie Ihre Bücher schnell und unkompliziert online – auf einer der am schnellsten wachsenden Buchhandelsplattformen weltweit! Dank Print-On-Demand umwelt- und ressourcenschonend produziert.

Bücher schneller online kaufen
www.morebooks.de

VDM Verlagsservicegesellschaft mbH
Heinrich-Böcking-Str. 6-8   Telefon: +49 681 3720 174   info@vdm-vsg.de
D - 66121 Saarbrücken   Telefax: +49 681 3720 1749   www.vdm-vsg.de

Printed by Books on Demand GmbH, Norderstedt / Germany